中国城市专利质量评估
与广州实践

丁焕峰　曹建云　陈　欣　著

科学出版社

北　京

内 容 简 介

提升城市专利质量水平是创新驱动城市经济高质量发展的重要举措。本书在构建城市专利质量综合指数评价体系的基础上，测度了中国279个地级及以上城市专利质量综合指数，分析了中国城市专利质量的时空演进规律，对广州城市专利特征和专利密集型产业创新绩效进行了研究。全书共6章，研究内容包括城市专利质量内涵与评价指标体系构建、中国279个地级及以上城市专利质量综合指数测度、中国地级及以上城市专利质量时空演进规律、广州城市专利特征和专利密集型产业创新绩效评估等。

本书可供城市创新和专利管理者、研究人员参考。

图书在版编目（CIP）数据

中国城市专利质量评估与广州实践 / 丁焕峰，曹建云，陈欣著. —北京：科学出版社，2023.5

ISBN 978-7-03-075545-2

Ⅰ. ①中… Ⅱ. ①丁… ②曹… ③陈… Ⅲ. ①专利–质量评价–广州 Ⅳ. ①G306.3

中国版本图书馆 CIP 数据核字（2023）第 084999 号

责任编辑：郝 悦 / 责任校对：姜丽策
责任印制：张 伟 / 封面设计：有道设计

科 学 出 版 社 出版

北京东黄城根北街 16 号
邮政编码：100717
http://www.sciencep.com

北京建宏印刷有限公司 印刷

*

2023 年 5 月第 一 版 开本：720 × 1000 B5
2023 年 5 月第一次印刷 印张：11 1/4
字数：227 000

定价：118.00 元
（如有印装质量问题，我社负责调换）

前　　言

创新是引领发展的第一动力，必须坚持创新在我国现代化建设全局中的核心地位。党的十九届五中全会通过的《中共中央关于制定国民经济和社会发展第十四个五年规划和二〇三五年远景目标的建议》提出，坚持创新驱动发展，全面塑造发展新优势。我国经济社会发展和民生改善比过去的任何时候都更加需要科学技术解决方案，都更加需要增强创新这个第一动力。

提升城市专利质量水平是实施创新驱动发展战略，推动地区经济高质量发展的重要举措。保护知识产权就是保护创新。专利数据是创新能力的重要指标，相比于专利数量，专利质量水平更能衡量一个区域的创新能力。2020 年 11 月 30 日，习近平在中央政治局第二十五次集体学习时强调"当前，我国正在从知识产权引进大国向知识产权创造大国转变，知识产权工作正在从追求数量向提高质量转变"①。我们要认清我国知识产权保护工作的形势和任务，总结成绩，查找不足，提高对知识产权保护工作重要性的认识，从加强知识产权保护工作方面，为贯彻新发展理念、构建新发展格局、推动高质量发展提供有力保障。地方政府需要更加注重提升城市专利质量水平才能应对地区间激烈的竞争。

本书从城市专利质量的维度去分析我国城市创新能力时空演变规律和全面提升我国城市创新能力的途径，结合广州专利发展实践，对广州专利合作与专利密集型产业发展进行考察，试图从三个方面研究提升中国城市专利质量的理论与实践问题。

一是城市专利质量的内涵与基本特征是什么，城市专利质量评估体系该如何构建。专利质量指的是专利满足明确和隐含需要的特性的总和，可分为作为核心层的专利技术质量、作为实质层的专利法律质量和作为延伸层的专利经济质量等三个层次。本书从专利质量概念视角剖析城市专利质量的内涵，把城市专利质量界定为专利对城市形成综合竞争力的影响程度，可由专利结构指标、专利法律稳定性指标、专利技术先进性指标、专利市场运营性指标等宏观与微观四个层面指

---

① 习近平在中央政治局第二十五次集体学习时强调 全面加强知识产权保护工作 激发创新活力推动构建新发展格局，http://m.xinhuanet.com/2020-12/01/c_1126808128.htm[2022-09-08]。

标来衡量，采用动态因子分析法构建城市专利质量综合指数评估体系。全国 279 个地级及以上城市 2001~2013 年各年份的城市专利质量评价结果显示，城市专利质量呈现东高西低的规律，且广东、江苏、浙江等经济强省城市专利质量较为突出。对城市专利质量平均得分排名后 30 名城市进行考察发现，2001 年，西部城市占比最大，东部城市占比最小；但随着年份增长，西部城市占比越来越小，中部城市占比越来越大。

二是中国城市专利质量水平及其时空演进特征如何，产业协同聚集是否影响城市专利质量。2001~2013 年全国 279 个地级及以上城市专利质量存在着明显的时序与空间特征。①从时序维度看，中国城市专利质量差异总体呈先上升后下降趋势，从长期看可能存在条件收敛现象。②从空间维度看，中国城市专利质量具有独特的空间依赖性与异质性。一方面空间集聚现象突出，长江三角洲地区、珠江三角洲地区等地一直呈现城市专利质量的"高-高"集聚，且辐射周边小城市群；城市专利质量"低-低"集聚大片集聚在我国西部城市；而"高-低"和"低-高"集聚的异质性城市单元的比重增加，区域的不平衡性表现为持续增加的趋势。另一方面，总体上中国城市专利质量差异表现出先上升后下降趋势，区域上呈现东高西低的特征，除中部地区外其余地区均出现了俱乐部收敛情形。③制造业与生产性服务业协同集聚能显著提升城市专利质量水平，知识外部性溢出与分工深化是导致城市专利质量提升的主要中介渠道，东部及大城市其协同集聚对城市专利质量的促进作用更加明显，制造业与金融业、科研综合技术服务业、水利环境和公共设施管理业三个生产性服务业子行业的协同集聚更为显著。

三是"双区"（建设粤港澳大湾区和深圳建设中国特色社会主义先行示范区）驱动背景下广州专利质量特征如何，应该实施怎样的城市专利质量提升策略发展专利密集型产业，支撑广州区域高质量创新发展。研究发现，广东城市专利质量均值远远大于全国城市专利质量均值，广东城市专利质量聚集不显著。广州的重点院校已成为创新体系中的重要创新主体。广州发明授权专利涉及的技术领域较为分散且未能实现在某个技术领域内形成核心技术能力。广州专利密度呈现上升趋势，广州专利密集型产业集中于 12 类制造业；专利密集型产业对广州经济社会发展贡献巨大，但广州专利密集型产业对经济社会的贡献低于同期广东省的平均水平；从产业本身的发展阶段与特征层面来看，产业集中度、产业规模、知识的吸收能力等对整体创新效率产生显著影响。

本书是学术探究与应用分析相结合的成果，既有城市专利质量评估理论上的提炼，也有提升城市专利质量的政策路径，是一本运用创新经济学分析城市发展的著作。本书由广州国家创新型城市发展研究中心（广州市人文社会科学重点研究基地）丁焕峰教授、曹建云博士、陈欣博士与何小芳硕士、孙小哲博士共同完成。全书共包括 6 章内容，全书结构由丁焕峰在多项研究项目成果基础上整理编排而成，第 1 章、2.2 节至 2.6 节、第 3 章、4.1 节和 4.2 节、第 6 章及参考文献由丁焕峰、何小芳、孙小哲撰写，陈欣博士撰写 2.1 节、4.3 节至 4.5 节，曹建云博士撰写第 5 章。本书得到广州国家创新型城市发展研究中心课题、2018 年国家社会科学基金重点项目"以高质量城市群为主体构建协调发展的城镇格局研究"（18AJY008）、2019 年全国统计科学研究一般项目"中国城市专利质量测度及其时空演进研究"（2019LY02）等研究项目的资助。

丁焕峰

2021 年 3 月 18 日

目　　录

第1章 引　言

1.1　问题的提出

2012 年以来是中国经济转型的重要时期，经济发展进入"新常态"，经济增长的动力面临着新旧更替的情形，既是挑战同时也是机遇。改革开放 40 年（1979~2018 年）来中国经济快速发展，国内生产总值（gross domestic product，GDP）年均增长率为 9.4%。经济增长的来源可从不同视角进行分析。从总供给的视角看，经济增长来源于劳动力、资本要素的积累，以及全要素生产率增长速度的提高；从总需求的视角看，经济增长来源于消费、投资、净出口、政府购买的需求增长；从产业视角看，产业结构的变化对经济增长有重要的影响。研究表明，从总供给的视角看，中国经济增长的动力将由过去的资本和劳动力累积转变成基于要素质量提高和要素优化配置的生产率的提高；从总需求的视角看，中国经济增长的动力将由过去的投资出口需求转变成消费需求；从产业的视角看，中国经济增长的动力将由过去的资本密集型重化工业转变成服务业和技术密集型制造业（赵昌文等，2015）。

创新是引领发展的第一动力，创新是建设现代化经济体系和中国经济高质量发展的战略支撑，保护知识产权就是保护创新。党的十八大以来，我们确定科技创新是提高社会生产力和综合国力的战略支撑，要坚持走中国特色自主创新道路、实施创新驱动发展战略；2017 年 10 月 18 日，习近平同志在中国共产党第十九次全国代表大会上的报告《决胜全面建成小康社会 夺取新时代中国特色社会主义伟大胜利》[1]指出，倡导创新文化，强化知识产权创造、保护、运用。2020 年 10 月，党的十九届五中全会通过的《中共中央关于制定国民经济和社会发展第十四个五年规划和二○三五年远景目标的建议》提出，坚持创新在我国现代化建设全局中

---

[1] 《决胜全面建成小康社会 夺取新时代中国特色社会主义伟大胜利》，http://www.xinhuanet.com/politics/19cpcnc/2017-10/27/c_1121867529.htm[2022-08-03]。

的核心地位，把科技自立自强作为国家发展的战略支撑，面向世界科技前沿、面向经济主战场、面向国家重大需求、面向人民生命健康，深入实施科教兴国战略、人才强国战略、创新驱动发展战略，完善国家创新体系，加快建设科技强国。2020年2月，教育部、科学技术部和国家知识产权局发布的《关于提升高等学校专利质量 促进转化运用的若干意见》提出要着力转变科研考评方式，注重专利转化运用，向滥竽充数、竞争力不高的垃圾专利说不。

专利数据是创新能力的重要指标，据世界知识产权组织（World Intellectual Property Organization，WIPO）发布的《世界知识产权指标》可知，2019 年中国国家知识产权局共受理发明专利申请 140 万件，为全球受理专利申请数量最多的国家。2018 年，中国受理 53 345 件 PCT（patent cooperation treaty，《专利合作条约》）申请，位列世界第二名。中国已成为名副其实的专利申请大国，但从专利结构看，中国的专利实力却比较薄弱，专利质量还有很大的提升空间。来自中国的所有申请中仅有 4% 在国外提交，相比之下，国外申请占日本和美国申请总量各自的 43% 左右。中国城市专利质量水平普遍不高，出现了一些专利"泡沫"和"创新假象"（张杰和郑文平，2018），专利发明的国际竞争力普遍不强，技术先进性有待提高，在专利结构、专利市场运营等方面仍存在一些突出问题，地区专利质量空间不平衡不充分发展问题亟待解决。

相比于专利数量，城市专利质量水平更能衡量一个区域的创新能力，地方政府需要更加注重提升城市专利质量水平才能更好地应对地区间激烈的竞争。因此，提升城市专利质量水平是实施创新驱动发展战略，推动地区经济高质量发展的重要举措。那么，城市专利质量的内涵与基本特征是什么？城市专利质量评价测度体系该如何构建？全国城市专利质量水平及其时空演进状况如何？广东作为经济强省，其城市专利质量时空演进状况如何？对技术转化的影响如何？上述一些理论与实践问题迫切需要解答。本书将从专利质量概念视角，基于全国 279 个地级及以上城市的数据，分析城市专利质量的内涵、城市专利质量衡量指标，构建城市专利质量综合评价体系，分析全国 279 个地级及以上城市 2001~2013 年城市专利质量时空演进状况、广东城市专利质量时空演进状况及对技术转化的影响等问题。从城市专利质量的维度去分析我国城市创新能力的时空演变、我国城市创新能力的区域差距、分析全面提升我国城市创新能力的途径，并结合广州专利发展实践，对广州专利合作与专利密集型产业发展进行考察。

本书的重要意义主要体现在以下几个方面。

第一，引用法学领域中的专利质量概念，从城市专利质量维度去刻画城市创新实力，并在大量文献阅读的基础上，选取出 12 个指标从专利结构质量、法律质量、技术质量、经济质量多层面构建城市专利质量评价体系。基于 2001~2018 年全国 279 个地级及以上城市的平衡面板数据，计算对比 2001~2013 年我国 279 个城市专利质量（城市专利质量需要经过一定年限才能体现，选取 5 年时滞，故仅能计算得到 2013 年数据），具有重要的意义。

第二，在计算出城市专利质量的基础上，利用非参数核函数估计、区域差距测量指数、全局自相关检验、局域自相关检验、一般收敛模型等经济学工具分析我国城市专利质量的时序演进、地区差距，反映我国城市创新实力的变化及地区差异，对于我国全面提升创新实力具有重要的政策意义。

第三，在前文研究方法的基础上对广东城市专利质量进行时空演进分析，并对粤港澳大湾区两大中心城市深圳与广州的城市专利质量进行对比，最后将城市专利质量对技术转化的影响进行实证检验，对于反映广东城市创新实力变化及地区差距、粤港澳大湾区两大中心城市间的创新互补合作具有重要意义。

综上所述，本书计算对比 2001~2013 年我国 279 个城市专利质量、分析我国城市创新实力的变化及地区差距、分析广东城市创新实力变化及地区差距，对于我国全面提升城市创新实力具有重要的政策意义。

1.2　国内外相关文献综述

国内对于专利质量的研究起步较晚，且多为法学领域的理论研究，目前尚未对专利质量内涵达成共识，有关实证研究甚少，而城市专利质量是在以城市为研究对象的实证分析中提出的，相关研究更少。为了更好地阐述国内相关研究进展，本章将着重梳理专利质量的相关研究文献，并在第 2 章中对城市专利质量内涵做出探讨并给予合理的界定。

1.2.1　专利质量内涵的研究

对专利质量的研究是源于解决现实问题的需要。早在 20 世纪 80 年代，国外开始大量出现垃圾专利、专利怪物等问题专利，吸引了诸多国外学者的研究目光，并产生了丰富的研究成果。随着我国经济的发展与科技的进步，国内学者也将研究目光关注到我国的专利质量状况上，并在学习国外研究成果的基础上对国内专利质量的状况进行了研究。运用文献计量的方法，经检索发现，国内专利质量研究机构以华中科技大学、国家知识产权局为主力，包括中国科学院、大连理工大学、华南理工大学、江苏大学、北京航空航天大学、吉林大学等，发表文章大部分是在 2010 年之后。可见国内专利质量相关研究起步较晚。

2004 年前，大多国内学者认为专利质量即为符合专利授权标准的程度，国内学者大多将研究目光关注在专利及专利质量的一般概念性介绍，包括法律知识的介绍以及专利授予的三种特性标准的介绍，总体上看，研究性都较弱。吴兆平和曹绍文（1988）介绍了专利权的无效宣告程序。吴观乐等（1991）介绍了三种类型专利的质量特点，林中（1996）介绍了专利审查授权的三个质量标准，专利只有符合新颖性、创新性和实用性才可被授予通过。

2004 年后，国内学者将国外对于专利质量内涵的研究成果引入国内学界，并对专利质量的界定进行了较为系统化的研究。虽然学界至今尚未对专利质量内涵达成共识，但对于专利质量内涵的认识已发生跨越性的改变。第一，专利质量的内涵不仅仅是法律层面内涵，更包括经济层面内涵。过去，专利质量相关研究主要集中在法学领域，因而学者对专利质量的认识是基于法律技术内涵，认为符合授权审查条件的专利即为高质量专利。但随着政府对知识产权经济的日益重视，专利质量的经济内涵被提出。朱雪忠和万小丽（2009）认为，基于审查者的专利质量定义只判断了专利是否符合授权实质性条件，竞争力视角下的专利质量是指专利技术对使用者形成竞争力的重要程度，兼具法律性、技术性和经济性。第二，专利质量的内涵需要系统化定义。学者在实证中通过构建专利质量评价体系来反向思考专利质量的界定，随着各种各样的专利质量指标体系的提出，专利质量的概念也由原来的平面定义衍生为系统化定义。

专利质量现有的系统化定义主要可分为几种类型：①基于专利构成要素及特征的系统化定义；②基于专利"产生–运用"过程管理的系统化定义；③结合专利构成要素、特征及专利"产生–运用"过程管理的系统化定义。

基于专利构成要素及特征的系统化定义。基于专利独占性的特征，黄微等（2008）、刘驰等（2009）提出，从专利技术知识层面的纵深程度、专利技术知识领域的涵盖宽度及专利的时效性独占保护三个方面对专利质量进行界定。石书德（2012）分析国家专利质量的各项内涵要素，通过专利申请质量、国际化水平、有效专利持续时间和技术影响力四个维度去反映我国与外国专利质量水平的差距。詹卓（2014）、王峰（2014）、韩福桂和佟振霞（2016）、毛昊（2018）、陈欣（2017）、宋河发等（2010）、谷丽等（2017）基于专利的内涵，认为专利质量包括专利作为发明创造反映的技术质量、专利作为专利文献反映的法律质量、专利作为知识产权反映的市场运营质量三个方面内涵等。

基于专利"产生–运用"过程管理的系统化定义。基于专利"产生–运用"过程，朱雪忠（2013）提出，从申请文件质量、审查质量、技术质量与经济质量界定专利质量。候金志（2015）从区域知识产权战略绩效评估的角度出发，将专利质量从专利的创造、运用、保护和管理的四阶段过程进行界定。赫英淇和唐恒

（2017）、刘洋等（2012）认为，从专利的产生过程来看，专利质量由发明质量、申请质量和审查质量共同决定。刘磊等（2014）认为专利的法定授权条件是专利质量概念的核心，并从发明创造过程、申请文件撰写、专利文件审查、经济价值实施过程界定专利质量。

结合专利构成要素、特征及专利"产生-运用"过程管理的系统化定义。何甜田（2014）从专利的生命周期和价值取向两个维度去界定专利质量。一方面，专利质量是一个贯穿于发明创造期间、专利申请期间、审查授权期间、使用期间四个时间阶段的动态过程；另一方面，专利质量基于不同主体的价值取向，分别体现了法律性评价、技术性评价、经济性评价。孙玉涛和栾倩（2016）基于专利化过程提出"三阶段-两维度"专利质量测量指标体系模型，即从技术发明、申请审查和授权保护三个阶段，技术质量和经济质量两个维度构建专利质量测度指标体系，并以中国 C9 联盟①高校为例进行了实证研究。

专利质量内涵的其他研究。一方面，由专利质量衍生出的专利竞争力等概念。万小丽和范秀荣（2014）认为，高校专利竞争力包括现实竞争力和潜在竞争力两个维度。现实竞争力包括专利数量和专利质量，潜在竞争力包括研发潜力和专利增长。邢梦盈（2016）认为，可通过专利产出实力、专利质量实力、专利效益实力和专利支持实力建立起区域专利竞争力评价体系，评价区域的专利竞争力。夏绪梅和孙青青（2015）为准确衡量地区专利成长状况，建立包括增长指数、质量指数、效率指数和潜力指数的专利成长性综合评价指标体系。

另一方面，针对现有内涵的缺陷，一些学者也提出了其他内涵的理论研究。黄丽君和李娟娟（2018）提出，从专利法的立法目的角度来考量，并非技术贡献大的即为高质量，技术贡献小的即为低质量，其重点在于均衡、适度、清晰、相对稳定。毛昊（2018）认为，专利质量并不是简单指标就能够衡量的，市场实践中更趋全面的评价还需要增加专利持有者特征、专利动机、产业属性等更加丰富的维度。

1.2.2　专利质量指标的研究

关于专利质量的相关指标研究，无论是国外学者还是国内学者，首先研究的还是专利的数量类指标，如专利授权率、发明专利数量占比等。但是，随着研究的不断深入，学者逐渐发现，单一的数量类指标虽然可以从总体上反映某主体的

---

① C9 联盟由我国 9 所首批"985 工程"建设高校发起成立，包括北京大学、清华大学、浙江大学、复旦大学、上海交通大学、南京大学、中国科学技术大学、哈尔滨工业大学和西安交通大学。

专利质量状况，却无法真正作为体现专利价值的关键指标，因此，选择与研究更为专业化的指标成为学界的共识。

Schankerman 和 Pakes（1986）提出专利维持率指标并进行了实证，他们利用专利维持率指标对英国、法国和德国的国家专利质量做出较好的评价。该方法的提出对学界影响重大并被广泛地推广使用，如 Richard（1994）运用专利维持率指标评价了英国和爱尔兰专利质量情况。该方法虽然提出较早，但鉴于国内外研究的差异，直到 2002 年，专利维持率指标才首次被高山行和郭华涛（2002）引入国内，并对国内学界产生了重大影响。两位学者运用专利维持率指标对中国的专利质量进行了评价研究，然而这一时期国内学者尚未能对专利质量的内涵与界定形成统一的认识。

随后，国内学者在大量阅读国外研究成果的基础上引入众多种类的专利质量指标，在数量类指标得到广泛运用的同时，如专利引证指数、当前影响指数、技术宽度、专利族大小等专利质量评价指标越来越多地出现在相关研究成果上，李春燕和石荣（2008）详细介绍了国内外经常使用的 29 项专利质量指标，万小丽（2009）则具体对引证类指标、专利维持、专利族大小和专利保护范围等核心指标进行了介绍。此后学界对于单项指标的研究逐步减少，开始着重关注相关指标体系的构建，并在指标体系的构建中不断完善各项质量指标的研究。

1.2.3　专利质量评价体系的研究

在专利质量指标研究的基础上，学者逐渐将研究关注到专利质量评价指标体系的构建。单个指标无法全面地反映专利质量，只有通过专利质量评价体系的构建才能全面地评判某个主体或区域的专利质量状况。专利质量指标评价体系能更全面地评价对象的专利质量，但需要科学的方法对指标赋予权重，过程更为复杂、烦琐。

国外研究起步早，相关研究也领先于国内。Lanjouw 和 Schankerman（2004）构建专利质量综合指数模型，实证评价美国 7 个领域的专利质量，模型包括引文数量、专利族大小、权利要求数等专利质量评价指标；Hou 和 Lin（2006）为了研究专利质量的价格影响因素，通过多元回归模型构建了基于专利权相关指标的评价体系，并进行实证。

国内相关研究领域的学者中，黄庆等（2004）最早通过三维度的专利评价体系从专利数量、专利质量、专利价值等方面评价专利的综合价值。许多学者都在此基础上发展了三维度专利评价体系，李振亚等（2010）在构建三维度专利评价体系同时，进一步利用典型相关分析模型实证检验了三维度间的关系。

魏雪君和葛仁良（2005）在三维度模型基础上提出五维度专利评价体系，其基于专利的全生命周期逻辑从专利投入、专利产出、专利运营、专利保护和专利效益五个方面系统性评价专利质量情况，且实证分析了专利与经济的关系。另有邵勇（2003）、葛仁良（2006）等也是通过构建五维度评价体系对专利质量状况进行评价。

此后，专利质量的评价体系越来越多样化，华中科技大学的万小丽（2009）构建了技术价值、市场价值和权利价值的评价体系，在充分利用权重赋予的方法基础上构建评价体系，首先使用层次分析法计算专利质量指标的权重，其次通过模糊评价法测算专利的价值。雷孝平等（2008）依据 SMART[specific（具体），measurable（可度量），attainable（能达到），relevant（相关），time-bound（时限）]准则通过数量类指标、技术类指标、经济类指标、影响类指标构建专利质量的评价体系。

再后，有关专利质量评价体系构建的理论研究减少，以行业或区域或企业等为研究对象的实证研究逐渐变多，并且针对不同的研究对象采用不同的评价指标，构建不同的评价体系。但总体上看，有关实证研究甚少，以区域为研究对象的实证研究更少。万小丽（2013）认为区域专利质量代表专利对区域竞争力形成的重要程度，其从专利结构、专利维持、专利范围、专利引证等指标去刻画区域专利质量。乔桂银和朱海建（2015）借用专利量、PCT 专利申请量、专利有效量等指标对江苏八市的专利质量状况进行对比，发现苏中和苏南的专利质量差距较大。陈欣（2017）从技术质量、权利质量、运营质量三个方面对珠江三角洲九市的专利质量进行评估并提出不同城市提升专利质量的对策。

1.2.4　区域专利质量的研究

有关区域专利质量的研究包括理论层面和实证层面，目前有关研究文献尚少。理论层面研究主要为区域专利质量指标的研究等。万小丽（2013）从专利结构、专利维持、专利范围、专利引证构建区域专利质量评价体系。刘毕贝（2014）从制度和路径层面对我国问题专利的泛滥进行原因分析。

实证研究主要为国家、省区市、城市专利质量的测算，以及利用经济学模型对区域专利质量进行分析。实证研究方面，在国家层面研究上，石书德（2012）从授权率等六个指标分析对比我国与发达国家 2000 年至 2010 年的专利质量状况，发现我国专利质量在申请质量、国际化水平、有效维持时间、技术影响等方面较为落后。赵彬（2016）从专利诉讼、本国专利权人占比、平均权利要求数等对中美两国专利进行对比，以剖析我国专利质量问题。在省区市层面研究上，宋河发等（2014）从发明创造质量、文件撰写质量、审查质量、经济质量实证测度我国31 个省区市的专利质量状况，发现我国专利质量呈现东高西低的特征。夏绪梅和孙青青（2015）从增长指数、质量指数、效率指数、潜力指数等对我国 31 个省区市进行专利成长状况的评价。徐晨阳（2018）对 2007~2016 年全国 34 个省区市从发明专利授权量、专利权人结构、专利密度进行对比分析。在城市层面研究上，范小秋等（2014）通过对比苏州与我国主要发达城市的专利申请量、授权量、有效量情况，寻找苏州与我国主要发达城市的专利质量差距。乔桂银和朱海建（2015）对江苏沿江八市 2010 年至 2013 年的发明专利授权、专利申请、有效发明专利、PCT 专利申请进行对比，发现苏中和苏南的专利质量区域差距较大。陈欣（2017）对 2001 年至 2015 年珠江三角洲九市的专利质量从权利质量、技术质量、运营质量进行横截面分析，提出各市提高专利质量的路径。结合经济学工具分析方面，张杰等（2016）基于我国各省区市 1985 年至 2012 年面板数据分析三种类型专利对我国经济增长的影响，发现发明专利对人均 GDP 增长呈现"U"形影响。刘凯和徐仁胜（2017）根据 1995 年至 2015 年省级数据分析专利激励机制对专利质量的影响，发现专利质量与地区专利激励政策呈现负相关性。徐晨阳（2018）基于柯布-道格拉斯函数分析专利数量对经济增长的影响。

1.2.5　文献评述

已有研究为解释与评价城市专利质量提供了一系列具有重要价值的学术洞见，但仍存在以下三个方面的不足。①对城市专利质量缺乏足够关注，其内涵缺乏统一认识。以往对创新能力评价，多是单纯以专利数量作为主要考核指标，缺乏对专利质量的足够重视。同时，由于相关研究比较匮乏，目前学术界对地区/城市专利质量内涵的界定并未达成统一。②现有指标体系较为零散混乱且存在不合理地方。从已有文献来看，学术界对专利质量的内涵界定尚未统一，导致指标体系的构建各异。此外，以往研究选取的专利质量评价指标有限，多为专利结构指标，微观指标与宏观指标未能综合考虑，同时在指标设置上未充分考虑专利生产运营的时滞性。不合理的指标体系将影响对中国城市专利质量的客观认识及评价。③对城市专利质量的评价研究仍需要进一步深入。以往对专利质量的研究多集中于法学领域并且多为理论分析，以区域/城市为研究对象的实证评价研究较少，多为统计描述与区域对比分析，缺少对城市层面的专利质量评价与时空演进规律的总结。

在以往研究的基础之上，针对研究存在的一些不足之处，本书从以下几个方面进一步展开探讨和研究。

第一，基于前人的研究，将城市专利质量界定为专利质量对城市竞争力形成的重要性，城市专利质量可包括宏观指标和微观指标，本书从专利结构指标、专利法律稳定性指标、专利技术先进性指标、专利市场运营性指标四个层面（12 个指标）构建城市专利质量评价体系。本书对城市专利质量的评价既基于专利的构成要素又涉及专利的产生运用全过程，因此是较为科学合理的评价。在此基础上，将专利产生运用的时滞性考虑进去，基于 2001~2018 年专利数据，用动态因子分析法计算 2001~2013 年全国 279 个城市专利质量的面板数据，具有较好的研究意义。时滞设置为 5 年，因此仅能计算至 2013 年城市专利质量结果。

第二，以往对专利质量的研究多为法学领域且多为理论研究，本书引入空间经济学工具，如非参数核函数估计、区域差距测算指数、全局自相关检验、一般收敛性模型等，进行跨领域实证研究，分析我国城市专利质量的时空演进状况及广东城市专利质量的时空演进特征，对我国城市专利质量进行横纵对比，更深层次地反映我国城市专利质量的现状，具有较好的研究意义。

第三，以往对创新技术转化过程的研究，多是将专利数量作为投入，本书将城市专利质量纳入到技术转化过程的投入变量范围，并对城市专利质量对技术转化过程的影响进行实证检验。本书对广东地级及以上城市专利质量进行分析，并基于创新生产投入过程理论、柯布-道格拉斯函数、空间计量方法将城市专利质量作为技术转化过程的投入进行实证，验证城市专利质量对技术转化过程的影响。

1.3　研究内容与研究方法

本书基于专利质量对城市竞争力形成的影响程度界定城市专利质量，并基于专利的构成要素及"产生-运用"过程选取专利结构指标、专利法律稳定性指标、专利技术先进性指标、专利市场运营性指标四个层面 12 个指标，包括宏观和微观层面指标，构建城市专利质量的综合评价体系。由于将专利产生运用的时滞性设置为 5 年，基于 2001~2018 年专利数据，本书将以 2001~2013 年全国 279 个地级及以上城市为研究范围，反映全国城市专利质量的时空演进，并对广东城市专利质量状况及对技术转化的影响进行分析。本书研究内容概括如下（图 1-1）。

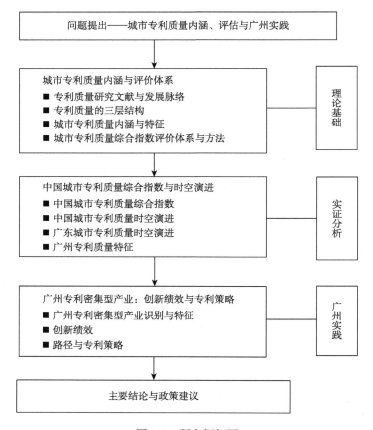

图 1-1 研究框架图

（1）界定城市专利质量的内涵，构建城市专利质量评价体系，测量 2001~2013 年全国 279 个城市专利质量。回答什么是城市专利质量的内涵、如何构建城市专利质量评价体系、如何测量我国不同城市不同年份的城市专利质量综合指数三个问题。

（2）通过空间经济学的相关方法分析全国城市专利质量的时空演进特征、广东城市专利质量状况及对技术转化的影响，分析对比粤港澳大湾区两座中心城市的城市专利质量，探讨 21 世纪下中国内陆城市及粤港澳大湾区知识产权高质量发展的现状与问题。

（3）广州专利密集型产业研究。明确专利密集型产业的内涵与特征，确定专利密集型产业的评价方法，筛选出广州的专利密集型产业，并定量分析专利密集型产业对广州经济发展的贡献。

第2章 城市专利质量内涵与评价

本章分析城市专利质量的内涵与基本特征，选取专利结构指标、专利法律稳定性指标、专利技术先进性指标、专利市场运营性指标等四个层面12个指标构建城市专利质量的综合评价体系。基于2001~2018年全国279个地级及以上城市的平衡面板数据，使用动态因子分析法测度并评价中国城市专利质量综合指数。

2.1 专利质量内涵

2.1.1 专利质量的三层结构

WIPO的《2020年事实与数据》显示，自2009年起，中国一直是全世界专利申请第一大国。专利申请数量的持续快速增长，从一个角度说明了中国创新型国家建设取得了一定的成效。这是否就说明中国已然成为"专利大国"了呢？事实上，中国专利存在质量与数量不匹配的问题，其具体体现为：中国专利的技术"含金量"及实施比率整体偏低、原创性或基础性的高价值专利较少、存在"问题专利""幽灵专利""垃圾专利"。过多的低质量专利，可能形成彼此之间的过度"围堵封杀"，导致市场主体陷入低水平专利彼此包围的混乱格局之中，从而带来增加社会生产成本、浪费社会资源、遏制创新、降低竞争力等诸多问题。近年来，我国实务界与理论界都越来越意识到提高专利质量的必要性。国家知识产权局于2013年12月发布了《关于进一步提升专利申请质量的若干意见》，明确指出要"提高专利申请质量"，以期引领专利创造主体从注重数量向注重质量转变。党的十九届五中全会《中共中央关于制定国民经济和社会发展第十四个五年规划和二〇三五年远景目标的建议》明确提出："完善国家质量基础设施，加强标准、计量、专利等体系和能力建设，深入开展质量提升行动。"①这说明，中国已从单纯重视专利数量转入重视专利质量的新阶段，而专利质量评估也随之成为理论界和实务界共同关注与探讨的焦点问题。

明确专利质量内涵，是合理进行专利质量评估、继而采取有效措施提高专利质量的基础。自20世纪80年代开始，国内外实务界与理论界从不同的角度对专利质量展开了研究，对其概念界定可谓仁者见仁，智者见智。究其原因，主要是由于"专利"一词本身具有不同的含义。专利最基本的含义是指专利权，即一项发明创造向国家审批机关提出专利申请，经依法审查合格后向专利申请人授予的在规定时间内对该项发明创造享有的专有权。有时，专利会被赋予其他两个含义，即专利技术及专利文献。专利技术是指能取得专利权，可以受专利法保护的发明创造或技术方案本身，是专利权的客体，也称为专利法保护的对象。专利文献则是记载着发明创造内容的、公开的文献，是专利制度的产物。狭义的专利文献包括各国（地区）专利局出版的专利说明书或发明说明书；广义的专利文献则包括专利申请书、专利说明书、专利公报、专利检索工具以及与专利有关的一切资料。此外，专利属于知识产权，是无形资产的一种。将作为无形资产的专利进行合理的商业化运营，意味着实现经济效益。专利的多重含义导致可能存在不同的视角来解读专利质量。例如，刘驰等（2009）认为，专利质量是指专利的一组关于专利独占属性满足要求的程度，并从专利技术知识层面的纵深程度、专利技术知识领域的涵盖宽度及专利的时效性独占保护三个方面提出了专利质量的"长宽高"模型。宋河发等（2010）从技术和经济角度对专利质量进行了概念界定，认为专利质量本质是一件专利能够满足专利三性即新颖性、创造性和实用性及说明书充分公开要求的程度，将专利的技术质量概括为申请技术的质量、申请文件的质量、审查的质量，而专利的法定质量反映在专利说明书、独立权利要求书的撰写质量及说明书对专利权利要求书的支持程度。刘运华（2015）从权利角度将专利质量解释为专利权人对经专利行政部门审查授权的符合法定授权要件的专利权行使排他性的程度，提出专利质量应包括专利引用情形、专利申请人及专利行政部门对专利文件和专利审查授权、专利文件、专利权人对专利权竞争优势分析四个方面。综上可知，现有研究对专利质量的界定存在以下两个问题。第一，缺乏全面的分析，没有综合从法律、技术及经济三个方面考虑专利质量，或即便三个方面均考虑了，却没有系统、深入地分析这三者之间的关系；第二，将专利质量这一概念与专利申请文件质量、专利审查质量等相关概念混为一谈。

基于现有文献，本书认为专利质量指的是专利满足明确和隐含需要的特性的

---

① 中共中央关于制定国民经济和社会发展第十四个五年规划和二○三五年远景目标的建议，http://www.gov. cn/zhengce/2020-11/03/content_5556991.htm[2022-08-03]。

总和。其中，明确需要指出的是，发明创造要取得专利权必须符合的、法定的形式条件和实质条件。具体来说，形式条件是指获得专利所必须具备的程序和形式上的要件，实质条件是指专利必须具备新颖性、创造性和实用性。一般而言，对专利的明确需要主要包括：专利主题属于可授予专利权的范围；符合获得专利所必须具备的程序和形式上的要件；符合新颖性、创造性和实用性的要求等。隐含需要指的是，专利权人、使用者等对专利的要求。这类要求有很多，常见的有通过专利的排他性获得市场竞争优势、直接通过专利许可获取经济利益等。基于以上概念界定，本书将专利质量分为三个层次：作为核心层的专利技术质量、作为实质层的专利法律质量和作为延伸层的专利经济质量。

1. 核心层——专利技术质量

专利技术质量指的是获得专利授权的发明创造本身的质量，即发明创造满足专利法授权标准，并进一步满足技术进步要求的特性的综合。对于专利质量整体而言，专利技术质量由发明创造本身的技术进步性所决定，直接影响专利质量其他层次的质量水平，是其核心层。专利类型的不同及发明创造级别的不同，往往使取得专利权的发明创造在技术质量上存在着较大的差异。

1）不同类型的专利技术质量存在差异

各国对发明创造给予专利保护的范围和方式不尽相同，多数国家专利保护的对象仅指发明，如德国的专利法；另一些国家专利法只保护发明和实用新型，外观设计则另立法进行保护，如日本的专利法；还有一些国家是发明、实用新型和外观设计在同一专利法中给予保护（徐晓琳，2007），如我国的《中华人民共和国专利法》（以下简称《专利法》）第二条规定："发明，是指对产品、方法或者其改进所提出的新的技术方案。"根据我国《专利法》的规定，发明、实用新型和外观设计是三种不同的发明创造，都是《专利法》保护的对象，一旦经过审查批准，就是三种不同形式的专利。然而，这三种专利从技术质量而言，有较大的差异。

我国《专利法》二十二条规定："授予专利权的发明和实用新型，应当具备新颖性、创造性和实用性。新颖性，是指该发明或者实用新型不属于现有技术；也没有任何单位或者个人就同样的发明或者实用新型在申请日以前向国务院专利行政部门提出过申请，并记载在申请日以后公布的专利申请文件或者公告的专利文件中。创造性，是指与现有技术相比，该发明具有突出的实质性特点和显著的进步，该实用新型具有实质性特点和进步。实用性，是指该发明或者实用新型能够制造或者使用，并且能够产生积极效果。"对申请发明专利的要求是，同申请日以前的已有技术相比，有突出的实质性特点和显著进步；而对实用新型专利的要求是，与申请日以前的已有技术相比，有实质性特点和进步。可见，对发明专利强调了"突出的实质性特点"和"显著进步"，而对实用新型专利则仅仅要求"实质性特点和进步"。显然，专利法对发明专利的创造性要求标准要高于实用新型专利。与发明专利、实用新型专利不同，外观设计专利是一种特殊的保护对象，其保护范围是产品形状的美感效果。它只对产品的外表进行美化，并不考虑产品的功能性、实用性，与技术和技术方案无关。因此，外观设计专利的技术质量事实上非常低。

2）不同等级的专利技术质量存在差异

TRIZ 理论[①]的创始人阿奇舒勒根据解决问题所需要的反复尝试次数将问题分为五个层次，而与问题对应的解也就相应地分为了五个等级（王伯鲁，2009）。第一级发明以参数优化类的小型发明为主，一般是本领域内通常的设计或对现有系统的简单改进。这类发明不需要任何相邻领域的专门技术或知识，问题的解决主要凭借设计人员自身掌握的知识和经验，不需要创新，只是知识和经验的应用。例如，增加塑钢窗保温层的厚度以减少热量的流失；用载重量更大的重型卡车替代轻型卡车，以提高运输的经济效率。该级别的发明创造或发明专利占所有发明创造或发明专利总数的32%。第二级发明是对现有系统某一组件进行改进。这类问题的解决主要利用本行业内已有的知识、理论和经验。例如，将一个灭火器加到焊接装置上；将斧头的手柄制作成空心的。该级别的发明创造或发明专利占所有发明创造或发明专利总数的45%。第三级发明是对已有系统的根本性改进。这类问题的解决主要利用本行业以外的已有方法和知识。例如，在汽车上使用自动传动系统代替机械传动系统；鼠标、圆珠笔等的发明。该级别的发明创造或发明专利占所有发明创造或发明专利总数的18%。第四级发明是采用全新的原理完成对已有系统基本功能的创新。此类问题的解决主要是从科学领域而不是从技术领域出发（当前技术领域还没有有效的解决方法），充分控制和利用科学知识、科学原理实现新的发明创造。例如，第一台内燃机的出现，集成电路、个人电脑等的发明。该级别的发明创造或发明专利占所有发明创造或发明专利总数的4%。第五级发明是新的科学原理带来新系统的发明、发现，往往是具有先导性的、突破性的发明。这一类问题的解决主要是依据自然规律的新发现或科学的新发现，如蒸汽机、激光、晶体管等的首次发明。该级别的发明创造或发明专利占所有发明创造或发明专利总数的1%。发明级别越高，完成该发明所需的知识和资源就越多。以不同等级的发明创造为客体的专利，其技术质量也会有所差异。

2. 实质层——专利法律质量

很多学者将专利的法律效力视为专利的法律质量。本书认为，这仅仅是专利法律质量涉及的一个方面。对一项发明创造而言，即便是符合法定专利性条件而获得了专利授权，也存在一定的不稳定性，而且有保护地域、保护时间及保护范

---

① 英文全称是 theory of the solution of inventive problems，意为发明问题的解决理论。

围等方面的限制。这些因素都会影响专利的法律质量。因此，本书提出，专利法律质量指的是，专利本身作为一种法定排他权的质量，即专利权的法律效力及其稳定性、保护地域、维持时间及保护范围满足明确和隐含需要的特性的总和。可见，专利法律质量是整体专利质量实质层，以专利质量核心层（专利技术质量）为基础，并对专利质量延伸层（专利经济质量）产生重要影响。专利的法律效力及其稳定性、保护地域、维持时间和保护范围的不同，会导致专利法律质量形成的差异。

1）专利的法律效力及其稳定性的不同导致专利法律质量存在差异

专利权具有独占性，即在一定时间（专利权有效期内）和区域（法律管辖区）内，任何单位或个人未经专利权人许可都不得实施其专利，即不得以生产经营为目的的制造、使用、许诺销售、销售、进口其专利产品，或者使用其专利方法以及制造、使用、许诺销售、销售、进口其专利产品，否则属于侵权行为。专利权并非在完成发明创造之后自然产生，而是需按照专利法规定的程序进行申请、审查核准后方能获得。事实上，专利符合可专利性（即新颖性、创造性、实用性）条件的程度是由专利的技术质量、专利申请文书质量以及各国专利审查的具体情况等诸多因素所决定。一旦专利申请在审查后被确定为符合法定的条件而获得授权，专利权人即可享有排他权。这项权利的行使并不会受专利技术本身新颖性、创造性及实用性的影响，即每件专利技术质量的不同并不会导致其专利权的法律质量出现差异。例如，尽管发明专利的新颖性、创造性及实用性要远高于实用新型或外观设计专利，根据我国《中华人民共和国专利法》第十一条的规定，发明和实用新型专利权被授予后，除本法另有规定的以外，任何单位或者个人未经专利权人许可，都不得实施其专利，即不得为生产经营目的制造、使用、许诺销售、销售、进口其专利产品，或者使用其专利方法以及使用、许诺销售、销售、进口依照该专利方法直接获得的产品。外观设计专利权被授予后，任何单位或者个人未经专利权人许可，都不得实施其专利，即不得为生产经营目的制造、许诺销售、销售、进口其外观设计专利产品。因此，所有授权专利的专利法律质量在一般情况下不会受其可专利性程度的影响。

但值得注意的是，被授权专利的稳定性是存在差异的。专利授权后的一定期间内，任何第三人可以就专利的效力提出质疑，并请求专利局撤销专利权，这一程序被称为专利异议。各国对专利异议程序的规定不同。如《欧洲专利公约》规定 9 个月异议期，德国《专利法》规定 3 个月异议期。中国目前已经废除了授权后异议程序，仅保留无效宣告程序，即专利授权之日起任何第三人都可以向专利复审委员会提请宣告专利无效的程序。对于欧洲专利或德国专利，异议期届满以后，第三人也可以通过法院诉讼解决专利的效力。在美国，第三人质疑专利效力时可以向法院提起诉讼予以解决，或向美国专利商标局提起授权后复审程序（类似专利异议程序）。专利异议、无效宣告请求或诉讼程序是对授权专利的又一次更严格的审查，通过审查的专利说明其新颖性、创造性和实用性经得起考验，法律效力比较稳定，专利质量相对有保障；相反，被撤销和宣告无效的专利显然低于法定最低技术标准，专利质量很低。一般而言，新颖性、创造性及实用性较强的专利，在经过专利异议、无效宣告或诉讼程序后通过审查不被撤销或不被宣告无效的可能性往往较大，其稳定性通常会较高，相应的专利法律质量也较高。

2）专利保护地域的不同导致专利法律质量存在差异

专利权具有极严格的地域性。一国专利局依照本国专利法所授予的专利权仅在本国法律管辖范围内有效，在其他国家或地区是无效的。因此，取得专利权的发明创造，只能在授予该专利权的国家得到承认，受到该国的法律保护，其他国家没有任何保护的义务。当申请人希望以一项发明创造得到多个国家保护时，需要就同一发明利用《巴黎公约》向其多个成员方递交正规的国家申请或利用 PCT 途径申请国际专利[申请人希望以一项发明创造得到多个国家（一般在 5 个国家以上）保护时，利用 PCT 途径是适宜的。因为通过 PCT 途径仅需向国家知识产权局提出一份国际申请，而免除了分别向每一个国家提出国际申请的麻烦。若申请人仅需向一个国家或者少数几个国家申请时，利用《巴黎公约》途径是适宜的]。而在同一国家不同时间或者在不同国家或地区出版的，基于同一发明或者多个专利共享发明的一个共同方面所形成的专利文献的集合，被称为专利族（WIPO，2008）。专利族的大小指的是同一发明在不同国家获得专利或提交专利申请的数量，或者说申请人就同一项发明寻求专利保护的国家数量。专利族越大，专利受保护的地域就越广，专利的法律质量就越高（史丽萍和吴俊，2012）。

3）专利维持时间的不同导致专利法律质量存在差异

专利权具有时间性，即专利权只有在法律规定的期限才有效。各国的专利法对专利权的有效保护期均有各自的规定，而且计算保护期限的起始时间也各不相同，如可分别采取从申请日、公开日或授权日起计算。多数国家发明专利的保护期都规定为 14~20 年，实用新型和外观设计专利的保护期相对较短。专利权的有效保护期限结束以后，专利权人所享有的专利权便自动丧失，发明随之成为社会公有的财富，其他人可以自由地使用该发明。然而，实践中专利权人在法定期限到期前提前终止专利的情况相当普遍。国家知识产权局发布的《2011 中国有效专利年度报告》显示，"国内有效发明专利中有 8.2%维持时间在 10 年以上"（田屺等，2012）。这说明超过 90%的发明专利事实上在距离期限届满还不到一半的时间就不再享有专利权了。其主要原因往往是专利权人认为专利技术没有实际的经济价值或这种价值一时难以实现，从而不愿为其支付费用来维持专利的存在。

专利维持时间是指专利授权后保持有效性的时间期限。只有仍处于维持状态的专利才受法律保护，是有效的；否则，则属于失效专利。对单项专利而言，如果是无效专利则没有评价其专利法律质量的意义。因此，在对单项专利的专利法律质量进行评价时，主要考虑专利维持时间有限性对其专利法律质量的影响，即越接近法定期限届满时点的单项专利通常专利法律质量越低。而对于多项专利而言，往往需要考虑现实情况中存在较多的、提前终止专利权的情况。所以，多项专利的平均维持时间越长、专利维持率越高，则总体的专利法律质量越高。

4）专利保护范围的不同导致专利法律质量存在差异

专利保护范围通常是指权利要求所确定的法律效力范围（WIPO，2008）。专利申请文件中的权利要求书描述了发明（或实用新型）的技术特征，以此表示请求保护的范围。申请人取得专利权后，权利要求书就成为判断他人使用相关技术的行为是否构成专利侵权的根据。可见，专利的权利要求是专利权的核心，在文字上确定了专利的保护范围。因此，权利要求数量可以从一定程度上反映专利的法律质量，权利要求数量越多，专利的保护范围越大，专利的法律质量就越高。

3. 延伸层——专利经济质量

专利经济质量指的是，专利的使用者将专利视作一种无形资产对其进行商业化应用，以获取经济利益的过程中满足明确和隐含需要的特性的综合。对于专利质量整体而言，专利经济质量受核心层（专利技术质量）与实质层（专利法律质量）的影响，是其延伸层。专利权主体可通过多种途径实现专利的商业化应用，如构筑技术壁垒保护新技术和新产品，阻碍竞争对手进入市场，防范专利侵权，增加谈判筹码，通过专利转让、许可、诉讼等方式获得收益，利用专利提高声誉或形象，吸引外来投资，博得用户好感，提高销售数量等。这些途径中，有的可以为使用者带来直接的经济收益（如专利转让、许可等）；有些则是通过提高专利使用者在市场上的竞争优势，从而为其带来间接的经济价值。这就使得专利经济质量的评估成为一件非常困难的事情。一方面，专利商业化的间接经济收益很难衡量；另一方面，即便是通常可以用货币来衡量的专利商业化的直接经济收益，在进行学术研究的时候也往往存在数据难以获取等障碍。除了专利技术质量及专利法律质量的影响外，专利使用者采取的商业化方式、外在环境等因素的不同都会导致专利经济质量存在差异。

4. 三层专利质量之间的关系

专利质量的三个层次中，技术质量是核心层，决定了专利的法律质量及经济质量。一般而言，专利的技术质量越高，其法律质量及经济质量也随之越高。首先，专利的技术质量必须达到法律规定的最低标准，专利法律质量及经济质量的提高才有可能实现。为获得专利授权，专利的技术质量必须超过法律规定的可专利性的要求，即对专利技术质量的绝对阈值；而专利的技术质量越高，被宣告专利权无效或在专利期限届满前提前终止的可能性就越小，其法律效力的稳定性就越高。没有授权的专利申请或无效的专利，都不会受到法律保护，也就无从谈及法律质量或经济质量了。其次，技术质量较高的专利通常会有较好的商业化前景，专利申请人也往往会选择在多国寻求专利保护，并尽量维持专利权直到保护期限届满。专利的本质是一种独占性的权利，因此，法律质量是专利质量的实质层。该层质量的高低直接影响延伸层的质量。法律质量越高，表明专利的排他权越稳定、时间与地域范围越大，则越有利于专利权人或使用者对专利进行商业化运作，因此经济质量也就越高。而提高专利经济质量事实上是提升专利质量的最终目标。综上，专利技术质量是核心，不仅决定专利法律质量是否达到最低标准，而且其高低直接影响专利法律质量、专利经济质量的高低；专利法律质量反映了专利作为一种排他权的本质，其质量高低是专利经济质量高低的基础。当然，专利法律质量及经济质量也会受到诸多外在因素的影响。例如，专利申请文书质量会对专利法律质量产生重要影响；而专利使用者自身的实力（如资金、专利的商业化运作等）也会影响专利经济质量，同样一项专利，由不同的使用主体进行商业化运作，其经济收益可能存在极大差异。

2.1.2　专利质量与相关概念的辨析

1. 专利质量与专利申请文件质量

为申请专利而提交的专利申请文件是专利审查员判断一项专利申请能否被授权的直接依据。各国专利法均要求，专利申请文件应当对专利做清楚、完整的说明，以所属技术领域的技术人员不用花费创造性劳动能够实现为准。专利申请文件质量是指专利请求书、说明书及其摘要和权利要求书等专利申请文件满足法定专利授权条件的程度。具体而言，一方面，专利申请文件所描述的客体（即发明创造）应满足专利法对于授予专利的条件；另一方面，专利申请文件的文字表述（即对发明创造的描述）也应满足专利法对于申请文件要充分公开发明创造的要求。因此，专利申请文件质量受两个方面因素的影响：其一，发明创造的技术质量决定了发明创造是否能够达到专利授权的最低标准；其二，专利申请文件的表述是否对发明创造做出了清楚、完整的说明，主要受到申请人对发明创造相关技术的知晓程度、专利代理人申请文件撰写水平及其为撰写申请文件所付出的努力等因素的影响。

2. 专利质量与专利审查质量

一项发明创造是否满足法定的"三性"标准对本技术领域的普通技术人员非

显而易见，是否被充分地描述，归根结底，要靠专利审查员基于自身的专业技术知识，依据一国的专利法等法律规范来进行审查及判断。近年来，一方面由于全球专利申请量逐年激增，另一方面由于来自新技术领域的专利申请案不断增多，许多国家的专利审查部门都面临着专利申请案大量积压、专利申请审查难度加大的问题。专利审查员人数增长的速度未能赶上审查工作量的增长速度，其结果往往会导致以下两类"问题专利"的出现。一类是不当授权的专利，即实际上没有满足专利授权的法定条件却被授权的专利；另一类是不当授权范围专利，即尽管满足了专利授权的法定条件，但权利范围要求过宽。专利审查质量指的是，专利局根据有关政府部门颁布的专利授权标准，对专利申请文件进行严格审查后所做出的一致性分类（谢黎等，2012）。可见，专利审查质量事实上体现的是一国专利审查部门进行专利审查工作的水平，反映了一国专利的整体水平及法律稳定性。一国专利审查质量的高低将直接影响该国的整体专利质量。

综上，专利质量指的是专利满足明确和隐含需要的特性的总和，可分为三个层次：作为核心层的专利技术质量、作为实质层的专利法律质量和作为延伸层的专利经济质量。其中，技术质量是决定法律质量、经济质量高低的基础；而法律质量对经济质量也有着重要影响。专利申请文件质量是指专利申请文件满足法定专利授权条件的程度；而专利审查质量指的是专利局根据有关政府部门颁布的专利授权标准，对专利申请文件进行严格审查后所做出的一致性分类。这两个概念与专利质量有区别又有联系。为提高我国整体专利质量，国家层面需要提高专利审查质量；而从专利发明人、申请人及使用人角度，首先应从提高专利技术质量入手，提高发明创造的技术水平；其次，在此基础上，在提高专利申请文书质量的同时，注重专利法律质量的提高，具体措施包括利用 PCT 途径申请国际专利以扩大专利保护地域范围，尽量提高专利维持时间等；最后，通过制订专利战略，合理进行专利布局和专利商业化，提高专利经济质量。

2.2　城市专利质量的内涵与特征

城市专利质量对研究一个城市或地区创新发展绩效具有重要意义。一方面，2008 年，国家颁布了《国家知识产权战略纲要》，以此拉开了各地政府专利竞赛的帷幕，但是专利数量的提高并不一定能反映出地区创新能力的提高。在当今的知识经济时代，城市竞争愈加激烈，政府一味追求专利数量指标并不一定能在实际上提升地区的创新能力，而是需要更全面反映地区创新能力的指标，以更好地帮助政府落实国家创新驱动发展战略，制定更好的提升地区创新能力的政策。另一方面，不少学者认为，创新是一个投入产出的过程，分为研究开发阶段和技术转化阶段。在研发开发阶段，研究与发展（research and development，R&D）人员和经费为投入，专利为研发阶段的成果产出；在技术转化阶段，以研发阶段的专利产出作为再投入，最终产出经济价值。但是大部分学者基于数据可获得性，仅将专利数量作为投入产出指标，可能导致实证结果在一定程度上存在误差。类似地，不少学者也将专利数量作为衡量地区创新能力的唯一指标。以上均会导致研究上的误差，最终可能得出不可信的研究结果。

本书使用城市专利质量作为衡量城市创新能力的补充，结合前面专利质量三层结构和城市发展特点，基于专利的构成要素及专利的产生运用过程构建起具有四个二级指标和 12 个三级指标的城市专利质量评价体系。考虑到专利从申请到授权再到运营具有较大的时间跨度，本书在充分考虑专利的时滞性上构建城市专利质量评价体系，使得不同年份的不同城市专利质量具有可比性，以此更好地反映地区的创新能力情况。

本书所考察的城市专利质量是指城市竞争力视角下的专利质量，即专利对城市竞争力形成的重要程度，专利对城市竞争力形成的重要程度越高，城市专利质量越高。具体而言，城市专利质量包括宏观层面和微观层面的内涵。宏观层面的内涵即为城市的专利结构质量，包括发明授权占比、授权率、职务申请人占比，三个指标的数值越高即城市专利质量越高。微观层面的内涵即基于专利的构成要素衍生的城市专利质量内涵，包括专利作为专利文献反映出的法律稳定性、专利作为发明创造反映的技术先进性、专利作为专利权市场保护反映的市场运营性。本书对城市专利质量的内涵界定范围涉及专利从发明、申请、审查、运营的生命周期全过程，较为科学合理。

（1）法律稳定性。专利只有在拥有法律效力的前提下，才具有使用的稳定性和合法性，是使用者在市场中获取独占性的有效法律保障。专利可通过以下三个途径获取有效法律保障。①在专利文献撰写过程中寻求更多的权利要求数保护，即专利保护的权利要求范围越广，专利的法律稳定性越好，法律质量越高。②在不同国家申请更多的同族专利，专利保护的地区范围越广，则专利的法律稳定性越好，法律质量越高。③获得更多的 IPC（international patent classification，国际专利分类）号，专利保护的技术范围越广，则专利的法律稳定性越好，法律质量越高。

（2）技术先进性。专利反映的技术先进性是使用者将专利转化成经济价值的重要考量因素，专利的技术含量衡量其在市场中的可替代性。专利的先进性可反映在以下三个方面。①专利的发明人数量越多，说明专利发明过程中的技术人员投入越多，产生的专利技术质量较高。②专利引用其他专利数量越多，说明专利是在对其他的优秀发明创造的研究基础上形成的发明创造，因而产生的专利技术质量更高。③专利后续被其他专利引用的数量越多，说明该专利受到越多技术人员的认可，且是较为基础技术领域的发明创造，技术质量更高。

（3）市场运营性。一个专利只有最终在市场中实现价值才可最终产生作用，市场运营质量是专利价值的直接体现，其通过降低成本或提高产品质量使企业获得竞争力。专利的市场运营性可反映在以下三个方面。①专利转让。专利通过有偿转让于受让人，使得专利权人获取直接的收益，也代表受让人对专利在市场上的认可度。②专利许可。专利通过有偿许可于被许可人，使得专利权人获取直接的收益，也代表被许可人对专利在市场上的认可度。③专利维持时间。专利维持时需要资金的持续投入，若专利的市场价值越高，则专利权人愿意投入的资金成本越多。

2.3 城市专利质量的评价体系

2.3.1 城市专利质量评价的研究

关于专利质量的相关指标研究，无论是国外学者还是国内学者，首先研究的还是专利的数量类指标，如专利授权率、发明专利数量占比等。但是，随着研究的不断深入，学者逐渐发现，单一的数量类指标虽然可以从总体上反映某主体的专利质量状况，却无法真正作为体现专利价值的关键指标，因此，选择与研究更为专业化的指标成为学界的共识。

Schankerman 和 Pakes（1986）提出专利维持率指标并进行实证，其利用专利维持率指标对英国、法国和德国的国家专利质量做出较好的评价。该方法的提出对学界影响重大并被广泛地推广使用，如 Richard 和 Sullivan（1994）运用专利维持率指标评价了英国和爱尔兰专利质量情况。该方法虽然提出较早，但鉴于国内外研究的差异，直到 2002 年，专利维持率指标才首次被高山行和郭华涛（2002）引入国内，对中国的专利质量进行了评价研究，然而这一时期国内学者尚未能对专利质量的内涵与界定形成统一的认识。

国内学者在大量阅读国外研究的基础上引入众多种类的专利质量指标，在数量类指标得到广泛运用的同时，如专利引证指数、当前影响指数、技术宽度、专利族大小等专利质量评价指标越来越多地出现在相关研究成果上。李春燕、石荣、万小丽等均对专利质量指标进行了一定程度的总结，李春燕和石荣（2008）详细介绍了国内外经常使用的 29 项专利质量指标，万小丽（2009）则具体对引证类指标、专利维持、专利族大小和专利保护范围等核心指标进行了介绍。学界对于单项指标的研究逐步减少，开始着重关注相关指标体系的构建，并在指标体系的构建中不断完善各项质量指标的研究。

2.3.2　城市专利质量指标选取原则

（1）科学性原则，即所选取指标要在前人研究或一定理论基础上进行提取，指标能够较全面地反映城市的专利质量状况，且计算公式明确。本书基于大量文献的阅读，所选取指标都是受学界较多认可的专利质量评价指标，且都有对应的明确测算公式，符合指标的科学性选取原则。

（2）可比性原则，即所选取指标能在不同区域及不同年份进行横纵对比。本书选取指标为相对指标，可比较不同专利授权量的城市的专利质量状况。同时将专利的技术外溢及市场运营时滞统一设置为 5 年，以便对不同年份的城市专利质量进行比较。

（3）可行性原则，即指标的计算可行性强，所需数据可获得，工作量虽大但可完成。本书指标计算所用数据均来自 incoPat 专利商用数据库，该数据库集合了专利文献、专利法律运营动态等信息，使我们能计算出全部的专利质量指标。

（4）完备性原则，即指标要能全方面反映城市的专利质量状况。本书基于大量文献阅读，从宏观和微观层面，从法律稳定性、技术先进性和市场运营性等选取评价指标，使得我们能较为全面地评价城市的专利质量状况。

（5）导向性原则，即评价指标结果能为城市专利质量的提升做出一定的政策建议，本书从四个方面（12 个指标）对城市专利质量进行评价，对城市专利质量结构有较好的认识，并结合城市专利质量的优缺点提出政策建议。

2.3.3　城市专利质量指标的选取结果

本书结合数据的可获得性，选取出业内较为公认的 12 个城市专利质量衡量指标。一方面，从微观层面借助专利的文献信息着眼于城市专利的法律稳定性、技术先进性、市场运营性衡量城市的专利质量情况；另一方面，从宏观层面借助城市专利结构指标衡量城市的专利质量情况，更全面地评价城市专利质量情况。

城市专利质量指标包括宏观和微观层面的指标。宏观层面的城市专利质量指标即只有从宏观层面看才具有意义且无法用于评价单件专利的专利质量指标，是基于一定专利量才可统计获得的比例指标。从宏观层面看，城市专利质量包括城市的发明专利授权率、授权发明占比、授权发明专利申请人占比等。微观层面的城市专利质量指标，即可用于单件专利的专利质量评价，包括授权发明权利要求平均数、城市 IPC 平均数、授权发明专利同族国家平均数、五年内专利被引平均数、授权发明专利引证平均数、授权专利发明人平均数、五年内专利许可平均数、五年内授权发明专利转让平均数、授权发明专利维持五年以上时间占比等指标。

1. 宏观层面指标——城市专利结构指标

城市专利结构指标，即为城市专利类型指标。专利具有不同的分类方式，依据专利分类方式构造指标即为城市专利类型指标，可在一定程度上反映城市的专利质量情况。

授权发明专利占比——一般而言，专利分为发明、外观设计、实用新型三种类型，其中发明专利是需要经过实质审查，且只有符合一定条件才可被授予的，授权发明必须符合新颖性、创造性和实用性基本条件，因而发明专利最能反映城市的专利质量状况，授权专利中发明授权占比越高，说明城市的专利质量越高（龙小宁和王俊，2015）。

发明专利授权率——发明专利是需要经过申请、实质审查，且只有符合一定条件才可被授予的，授权发明必须符合新颖性、创造性和实用性基本条件。并不是所有申请的发明专利都能被授予的，也可能被驳回。因而发明专利的授权率可以反映城市的专利质量，授权率越高，城市专利质量越高（张古鹏和陈向东，2011）。

授权发明专利职务申请人占比——职务申请人是相对于个人申请人而言的，职务申请人包括高校、企业、研究所等单位。相比于个人申请人，单位申请人的科研实力整体较强，研究经费及研究设备充足，研究环境优越，因而职务申请人的授权发明整体上专利质量较高（宋河发等，2014）。

2. 微观层面指标 I——城市专利法律效力稳定性

城市专利法律效力稳定性可从专利的法律保护范围进行评判，本书从三个方面进行评判，包括专利保护的地域范围、权利要求范围和技术覆盖范围，分别可用授权发明专利同族国家平均数、授权发明专利权利要求平均数、授权发明专利城市 IPC 平均数指标来测量。

授权发明专利同族国家平均数——用来衡量专利保护的地域范围，专利同族平均数越高，说明专利法律效力越有保障。该指标即为申请人就同一授权发明寻求专利保护的国家数量。Putnam（1996）最早将专利同族平均数指标用于评价专利价值大小，该指标的效力已被多次证实与检验，如 Lanjouw 等（1998）、Lanjouw 和 Schankerman（2000）、Harhoff 和 Reitzig（2000）等。本书采用专利同族平均数，即一定时期内城市授权发明专利的同族国家总数与城市授权发明专利总数之比，来衡量专利保护的地域范围。专利同族平均数越大，说明该区域的专利保护的地域范围越广，专利的法律效力保障性越强，专利质量越高。

授权发明专利权利要求平均数——用来衡量专利保护的权利要求范围，专利权利要求平均数越高，说明专利法律效力越有保障。专利在申请时需填写相关的申请文件，权利要求书是其中最重要的文件。权利要求书对发明创造的技术特征进行详细阐述，是往后法律界定他人侵权与否的重要依据。权利要求数量即权利要求书里对权利要求的数量。Tong 和 Frame（1994）最早提出该指标。目前，权利要求数量已经被广泛用作专利质量指标，如 Lanjouw 和 Schankerman（1999）、Lanjouw 和 Schankerman（2004）、Mariani 和 Romanelli（2007）、Schettino 等（2008）在构建专利质量指数时都使用了权利要求数量。某区域的专利权利要求平均数越大，说明该区域的专利保护的保护范围越大，专利的法律效力保障性越强，专利质量越高。

授权发明专利城市 IPC 平均数——用来衡量专利保护的技术覆盖范围，IPC 平均数越高，说明专利法律效力越有保障。IPC 分类即为《国际专利分类表》，编制于 1971 年，是国际上通用的专利文献检索工具。IPC 分类依据专利涉及技术领域进行分类，并划分为部、大类、小类、大组、小组 5 个不同等级。每个专利在审查时均会被匹配至一个以上的 IPC 分类号。IPC 数量即发明专利 IPC 小组分类号的数量。Lerner（1994）最早提出该指标，目前已被学者广泛运用。城市的 IPC 平均数越大，说明该区域的专利保护的技术覆盖范围越大，专利的法律效力保障性越强，专利质量越高。

3. 微观层面指标Ⅱ——城市专利技术先进性

城市专利技术先进性可从三个方面进行评判，包括专利发明人员投入、专利被引状况、专利引用状况。具体而言，本书用授权发明专利五年内被引平均数、授权发明专利引证平均数、授权发明专利发明人平均数三个指标进行评价。

授权发明专利五年内被引平均数——用来衡量专利被引情况，被引平均数越高，说明专利技术质量越高。专利在授权一定时间后，可被其他发明人员所阅读参考并引用。专利被引次数即专利被其他发明人所引用的次数。被引用的次数越多，说明该专利的技术含量被越多的其他发明人所认可，也可能说明这是一项较为基础技术领域的专利，因而反映出的技术质量较高。被引平均数是目前认可程度最高、应用范围最广的专利引证指标。有的学者通过实证研究发现，70%的专利在授权后 5 年内未被引用或反被引用 1~2 次，随着专利技术重要性的增强，平均被引次数提高，仅有 10%具有开创性的专利的平均被引次数高达 6 次或以上（万小丽，2013）。可见，被引次数是一个很好的专利质量指标，被引次数越高，专利技术越重要，专利质量越高。

授权发明专利引证平均数——用来衡量专利引证情况，引证平均数越高，说明专利技术质量越高。发明往往是在对其他发明的研究基础上进行创造的，专利引用其他专利数量越多，说明专利是在其他优秀发明创造的研究基础上形成的发明创造，因而产生的专利技术质量越高，该指标现已被广泛运用（刘洋等，2012）。宋河发等（2010）通过专利引证指标构建包含专利法律质量、技术质量、经济质量在内的评价体系。马廷灿等（2012）通过专利引证等多指标构建专利质量评价体系，并对稀土永磁领域进行实证研究。

授权发明专利发明人平均数——用来衡量专利发明创造的人才投入情况，发明人平均数越高，说明专利技术质量越高。专利的发明人数量越多，说明专利发明过程中的技术人员投入越多，也说明发明创造工作量较大或者较为复杂，且需要借助不同技术领域的人员进行创造，最终创造出的发明一般技术质量都普遍较高，该指标现已被广泛运用。李仲飞和杨亭亭（2015）通过专利发明人数量等衡量专利质量，并研究了专利质量对于公司投资价值的作用及影响机制。

4. 微观层面指标Ⅲ——城市专利市场运营性

城市专利市场运营性可从三个方面进行评判，包括专利许可实施情况、专利转让实施状况、专利维持时间状况。具体而言，本书用授权发明专利五年内许可平均数、授权发明专利五年内转让平均数、授权发明专利五年内维持有效占比三个指标进行评价。

授权发明专利五年内许可平均数——用于衡量专利的转化情况，许可平均数越高，说明专利市场运营价值越高（宁立志和盛赛赛，2015）。专利许可是将专利转化为市场价值的方式之一。专利许可即在获取一定报酬之后许可专利权人以外的他人使用专利技术。一般而言，专利许可并没有发生专利权上的转移。现实案例中，大型科技公司如微软、国际商业机器公司（International Business Machines Corporation，IBM）、戴尔等往往通过专利许可授权途径得到可观的专利许可费用，将专利有效转化为市场价值。IBM 一年的专利许可费用收入就达到了 10 亿美元。

授权发明专利五年内转让平均数——用于衡量专利的转化情况，转让平均数越高，说明专利市场运营价值越高（段德忠等，2018）。专利转让是将专利转化为市场价值的方式之一。不同于专利许可，专利转让即将专利权人持有的专利权转让给他人。一般而言，发生专利转让即代表专利需经过二次开发产生市场价值。陈欣（2017）通过专利转让指标等构建权利质量、法律质量、运营质量的专利质量评价体系，并分析珠江三角洲城市专利质量的不平衡性。

授权发明专利五年内维持有效占比——用于衡量专利的维持情况，有效占比越高，说明专利市场运营价值越高（毛昊，2018）。专利维持有效需要专利权人定期缴纳一定费用。专利维持的时间越长，所需缴纳的费用越高，说明专利的市场价值越高。该指标运用广泛，《知识产权统计年报》《国民经济和社会发展统计公报》《中国统计年鉴》均运用该指标。Schankerman 和 Pakes（1986）利用专利维持模型考察了英国、法国和德国的专利在不同维持年限的维持率，发现维持率曲线十分陡峭，仅有尾端少部分专利维持时间较长，说明专利经济价值分布极其不均（表2-1）。

表2-1　城市专利质量评价体系

一级指标	二级指标	三级指标	四级指标	单位
城市专利质量指标体系	宏观指标	专利结构指标	当年发明申请授权率	
			授权发明专利占比	
			授权发明专利职务申请人占比	
	微观指标	专利法律效力稳定性	授权发明专利同族国家平均数	个
			授权发明专利权利要求平均数	个
			授权发明专利城市 IPC 平均数	个
		专利技术先进性	授权发明专利五年内被引平均数	个
			授权发明专利引证平均数	个
			授权发明专利发明人平均数	个
		专利市场运营性	授权发明专利五年内许可平均数	个
			授权发明专利五年内转让平均数	个
			授权发明专利五年内维持有效占比	

2.4　城市专利质量综合指数的构建方法与数据来源

2.4.1　城市专利质量综合指数的构建方法

本书选取四个方面 12 个指标去描述城市的专利质量状况，并获取 2001~2018 年我国 279 个地级及以上城市的城市专利质量面板数据，以分析我国城市专利质量的时空演进情况。在评价指数的构建过程中，由于本书研究的是面板数据，一般而言，普通的公因子提取方法如因子分析和主成分分析并不能较好地处理面板数据。因此，本书选择动态因子分析法构建评价指数，该方法由 Coppi 和 Zannella（1978）在 1978 年提出，该方法结合了主成分分析得到的截面结果及线性回归分析得到的时序分析结果，使得评价结果具有时间和空间上的横纵对比性，便于下文的时空演进分析，目前此方法被广泛用于各领域。动态因子分析法的具体计算过程如下。假设一个既定数据集合：$X(I,J,T) = \{X_{ijt}\}$，$i = 1,2,\cdots,I$，$j = 1,2,\cdots,J$，$t = 1,2,\cdots,T$。其中，i 是第 i 个研究对象；j 是第 j 个指标；t 是不同的时期，它代表 i 个观察主体的 $J \times T$ 个观测值。动态因子分析法的最终目标是先将 $X(I,J,T)$ 的方差或协方差矩阵 S 分解成三个独立的方差或协方差矩阵之和，即

$$S = {}^* S_I + {}^* S_T + S_{IT} \qquad (2\text{-}1)$$

其中，${}^* S_I$ 是研究主体的静态结构矩阵，表示跨时期主体的平均方差或协方差矩阵，反映了各主体独立于时间维度的结构变化情况。${}^* S_T$ 是该数据体系的平均动态矩阵，是基于时间维度的方差或协方差矩阵。在消除了个体动态变化影响的基础上，它反映了基于时间维度个体的平均变化状况。S_{IT} 是单个主体的动态差异矩阵，代表了个体和时间交互作用下的方差或协方差矩阵，反映了由所有主体总体平均水平变化和单个主体变化所导致的动态差异。

　　基于上述分解公式的基础上，X_{ijt} 进一步分解成由四个独立组成部分构成的指标：

$$X_{ijt} = X_{.j.} + \left(X_{ij} - X_{.j.} \right) + \left(X_{JT} - X_{.j.} \right) + \left(X_{ijt} - X_{JT} - X_{ij} + X_{.j.} \right) \qquad (2\text{-}2)$$

其中，$X_{.j.}$ 是单个变量的总体均值；$\left(X_{ij} - X_{.j.} \right)$ 是主体静态结构的影响；$\left(X_{JT} - X_{.j.} \right)$ 是平均动态效应；$\left(X_{ijt} - X_{JT} - X_{ij} + X_{.j.} \right)$ 是主体和时间交互作用下的动态差异。

　　式（2-2）是一个双因素方差分析模型，称为动态因子分子模型 1，将被用于完成实证分析部分。动态因子分析模型基于以下总体差异分解公式进而分为两个组成部分：

$$S = {}^* S_I + S_{IT} + {}^* S_T = S_T + {}^* S_T \qquad (2\text{-}3)$$

其中，S_T 是通过主成分分析得到的各个时期平均离差矩阵；${}^* S_T$ 是通过线性回归模型式（2-4）得到的不同时期的变异程度。

$$X_{JT} = a_j + b_j t + e_{jt}, \quad j = 1,2,\cdots,J, \quad t = 1,2,\cdots,T \qquad (2\text{-}4)$$

　　其中误差项的协方差必须满足以下条件：

$$\mathrm{Cov}\left(e_{jt}, e_{j't'} \right) = \begin{cases} w_j, & j = j', \ t = t' \\ 0, & 其他 \end{cases} \qquad (2\text{-}5)$$

　　系统总体的动态变化与单个变量的动态变化是不同的，所以满足前述条件是必须的，该模型表征了在主成分影响下的变量 j 之间的关系。

基于上述基本原理的介绍，动态因子分析的具体实施步骤如下。

（1）消除指标单位不同量纲的影响，进行数据标准化处理。

（2）基于各年份的方差或协方差矩阵 $S_{(t)}$ 计算总体平均离差矩阵 S_T，它同时反映了数据的动态结构效应和单个主体的动态差异。计算公式如下：

$$S_T = \frac{1}{T}\sum_{t=1}^{T} S_{(t)} \qquad (2\text{-}6)$$

（3）求解 S_T 的特征值和特征向量，以及各公因子的方差贡献率和累计方差贡献率。

（4）计算各主体的静态得分矩阵：

$$C_{ih} = (Z_i - Z)^{\mathrm{T}} a_h \qquad (2\text{-}7)$$

其中，$Z_i = \frac{1}{T}\sum_{t=1}^{T} Z_{it}$ 是单个主体的平均向量，Z_{it} 是主体 i 的指标向量；$Z = \frac{1}{I}\sum_{i=1}^{I} Z_i$，$i=1,2,\cdots,I$，$t=1,2,\cdots,T$，是总体平均向量；$a_h$ 是总体平均离差矩阵 S_T 的特征向量。

（5）计算各主体的动态得分矩阵：

$$C_{iht} = (Z_{it} - Z_t)^{\mathrm{T}} a_h, \quad h=1,2,\cdots,H, \quad t=1,2,\cdots,T \qquad (2\text{-}8)$$

其中，$Z_i = \frac{1}{T}\sum_{t=1}^{T} Z_{it}$；$Z_t$ 是第 t 年各指标的平均值。

（6）计算各主体的平均综合得分值 E：

$$E = \frac{1}{T}\sum_{t=1}^{T} C_{iht} \qquad (2\text{-}9)$$

其中，C_{iht} 是各主体的动态得分值。

2.4.2　城市专利质量指标数据来源与描述

本章选取的 12 个城市专利质量指标数据均来自 incoPat 专利商用数据库，指标截面统计范畴涵盖全国地级及以上城市，基于数据可获得性，共计 279 个城市的城市专利质量数据；时间范畴为 2001 年至 2018 年的当年城市专利质量，2001年之前的专利质量甚少，故不纳入研究范围；同时，为计算城市专利质量，参考万小丽（2009）的文章，将专利的技术外溢及市场运营时滞设定为 5 年（例如，2013 年广州城市专利运营质量需通过 2013 年所有授权发明专利往后至 2018 年共五年的专利许可、转让、维持状况测量），故而仅能计算至 2013 年当年城市专利质量，对指标数据的描述统计见表 2-2。

表2-2　数据基本特征的统计描述

指标	变量名	均值	标准差	最小值	最大值
城市专利结构质量	授权发明专利占比	0.090 54	0.068 80	0	0.500 00
	当年发明申请授权率	0.440 91	0.164 66	0	1.000 00
	授权发明专利职务申请人占比	0.421 17	0.291 19	0	0.964 79
城市专利法律质量	授权发明专利权利要求平均数	3.868 10	1.839 11	1.000 00	19.758 96
	授权发明专利城市 IPC 平均数	2.664 32	1.305 80	1.000 00	9.666 67
	授权发明专利同族国家平均数	1.031 03	0.086 99	1.000 00	1.928 57
城市专利技术质量	授权发明专利五年内被引平均数	0.070 59	0.120 35	0	0.857 14
	授权发明专利引证平均数	2.289 41	1.738 16	0.047 62	13.000 00
	授权发明专利发明人平均数	2.530 42	1.150 59	1.000 00	12.000 00
城市专利运营质量	授权发明专利五年内许可平均数	0.037 96	0.064 11	0	0.500 00
	授权发明专利五年内转让平均数	0.102 78	0.109 22	0	0.555 56
	授权发明专利五年内维持有效占比	0.445 96	0.244 77	0	0.999 97

资料来源：从 incoPat 专利商用数据库整理所得

2.5　城市专利质量综合指数的评价结果

2.5.1　数据获得及处理

授权发明专利占比指标，即通过逐一手动搜索 13 个年份 279 个地级及以上城市的当年授权发明专利、当年授权实用新型专利、当年授权外观设计专利，并依据公式计算，城市当年授权发明专利占比=城市当年授权发明专利量/(城市当年授权发明专利量+城市当年授权实用新型专利量+城市当年授权外观设计专利量)。

当年发明申请授权率指标，即通过逐一手动搜索 13 个年份 279 个地级及以上城市的当年发明申请量与当年发明申请后来授权量，并依据公式计算，城市当年发明申请授权率=城市当年发明申请后来授权量/城市当年发明申请。发明申请授权一般仅需经历 2 年至 3 年的时滞，故而能保证计算获得的数据较为准确。

授权发明专利职务申请人占比指标，即通过逐一手动搜索 13 个年份 279 个地级及以上城市的当年授权发明专利量、当年授权发明专利六个人类型的专利量，并依据公式计算，城市当年授权发明专利职务申请人占比=1-城市当年授权发明专利为个人类型的专利量/城市当年授权发明专利量。

授权发明专利权利要求平均数指标,即通过逐一手动搜索 13 个年份 279 个地级及以上城市的授权发明专利文献,并逐一对每个授权发明专利的权利要求数进行统计,并依据公式计算,城市授权发明专利权利要求平均数=城市当年授权发明专利权利要求数总和/城市当年授权发明专利量。

授权发明专利 IPC 平均数指标,即通过逐一手动搜索 13 个年份 279 个地级及以上城市的授权发明专利文献,并逐一对每个授权发明专利的 IPC 号进行统计,并依据公式,城市当年授权发明专利 IPC 平均数=城市当年授权发明专利 IPC 总和/城市当年授权发明专利量。

授权发明专利同族国家平均数指标,即通过逐一手动搜索 13 个年份 279 个地级及以上城市的授权发明专利文献,并逐一对每个授权发明专利的同族国家进行统计,并依据公式,城市当年授权发明专利同族国家平均数=城市当年授权发明专利同族国家总和/城市当年授权发明专利量。

授权发明专利五年内被引平均数指标,即通过逐一手动搜索 18 个年份 279 个地级及以上城市的授权发明专利文献,并逐一对每个授权发明专利的在自授权日始五年内被引数进行统计,并依据公式,城市授权发明专利五年内被引平均数=城市当年授权发明专利的在自授权日始五年内被引数/城市当年授权发明专利量计算。

授权发明专利引证平均数指标,即通过逐一手动搜索 13 个年份 279 个地级及以上城市的授权发明专利文献,并逐一对每个授权发明专利的引证专利量进行统计,并依据公式,城市当年授权发明专利引证平均数=城市当年授权发明专利引证专利数总和/城市当年授权发明专利量。

授权发明专利发明人平均数指标,即通过逐一手动搜索 13 个年份 279 个地级及以上城市的授权发明专利文献,并逐一对每个授权发明专利的发明人数量进行统计,并依据公式,城市当年授权发明专利发明人平均数=城市当年授权发明专利发明人数量总和/城市当年授权发明专利量。

授权发明专利五年内许可平均数指标,即通过逐一手动搜索 18 个年份 279 个地级及以上城市的授权发明专利文献,并逐一对每个授权发明专利的在自授权日始五年内是否许可进行统计,并依据公式,城市授权发明专利五年内许可平均数=城市授权发明在自授权日始五年内进行许可的授权发明专利量/城市当年授权发明专利量计算。

授权发明专利五年内转让平均数指标,即通过逐一手动搜索 18 个年份 279 个地级及以上城市的授权发明专利文献,并逐一对每个授权发明专利的在自授权日始五年内是否转让进行统计,并依据公式,城市授权发明专利五年内转让平均数=城市授权发明在自授权日始五年内进行转让的授权发明专利量/城市当年授权发明专利量计算。

授权发明专利五年内维持有效占比指标,即通过逐一手动搜索 18 个年份 279

个地级及以上城市的授权发明专利文献，并逐一对每个授权发明专利的有效性进行统计，逐一对每个失效授权发明专利的有效时间进行统计，并依据公式，城市当年授权发明专利五年内维持有效占比=城市当年授权发明至今有效专利/城市当年授权发明专利+城市当年授权发明维持时间不小于五年的失效发明专利/城市当年授权发明专利计算获得。

2.5.2　公因子选取结果

据前文所述,根据动态因子分析法提取公因子,利用 Stata15 计量软件进行操作,以 2001~2013 年每年我国 279 个地级及以上城市各城市的 12 个城市专利质量指标为数据范围,实证得到表 2-3 中各因子的特征值、方差贡献率和累计方差贡献率。

表2-3　因子的方差贡献率以及累计方差贡献率

因子	特征值	方差贡献率	累计方差贡献率
$F1$	43.364 46	0.252 23	0.252 23
$F2$	16.730 88	0.125 27	0.377 50
$F3$	14.956 71	0.107 65	0.485 15
$F4$	12.379 31	0.084 65	0.569 80
$F5$	11.131 76	0.083 94	0.653 74
$F6$	9.738 62	0.073 57	0.727 31
$F7$	9.406 80	0.070 64	0.797 95
$F8$	8.166 64	0.062 07	0.860 02
$F9$	7.209 42	0.050 95	0.910 97
$F10$	6.466 43	0.036 06	0.947 03
$F11$	4.181 16	0.026 86	0.973 89
$F12$	3.207 37	0.026 12	1.000 00

资料来源：动态因子分析计算所得

注：$F1$~$F12$ 是公因子

由表 2-3 可知，提取前 6 个公因子计算我国地级城市的城市专利质量得分。前 6 个公因子的特征值均大于 1，且累计方差贡献率为 72.731%（大于 70%），说明 6 个公因子能较好地代表原有的 12 个专利质量指标。但是，值得注意的是，本章所选取的 6 个公因子可能与原有的评价体系分类不一致，这可能是由于某些指标与所选公因子间存在着某种内在联系，这种联系难以识别也可能容易被忽略。但这并不会有很大的影响，因为本章所选取的 6 个公因子已能较好地反映原有评价体系的绝大部分信息。

上文选取出了 6 个公因子，接下来进一步对所选取的 6 个公因子所代表的内涵进行阐述。利用 SPSS 软件通过方差最大法，计算获取旋转因子载荷矩阵。为更直观地呈现结果，只显示旋转因子载荷矩阵表中大于 0.4 的数据。由于 $X2$（授权发明专利城市 IPC 平均数）在公因子 $F2$ 和公因子 $F4$ 上载荷较高，$X7$（授权发明专利五年内转让平均数）在公因子 $F1$ 和公因子 $F3$ 上载荷较高，为方便解释，将 $X2$（授权发明专利城市 IPC 平均数）指标放在公因子 $F2$ 进行解释，将 $X7$（授权发明专利五年内转让平均数）指标放在公因子 $F1$ 进行解释。

由表 2-4 所示，$X4$（授权发明专利五年内维持有效占比）、$X7$（授权发明专利五年内转让平均数）、$X8$（授权发明专利职务申请人占比）、$X12$（授权发明专利发明人平均数）在公因子 $F1$ 的载荷较高，$F1$ 方差贡献率为 25.223%，说明提高城市创新能力，要重视专利运营质量的提高。$X1$（授权发明专利权利要求平均数）、$X2$（授权发明专利城市 IPC 平均数）、$X3$（授权发明专利同族国家平均数）、$X11$（授权发明专利引证平均数）在公因子 $F2$ 的载荷较高，$F2$ 方差贡献率为 12.527%，说明专利法律质量对城市创新能力有较大的影响。$X6$（授权发明专利五年内许可平均数）、$X7$（授权发明专利五年内转让平均数）在公因子 $F3$ 的载荷较高，$F3$ 方差贡献率为 10.765%。$X9$（授权发明专利占比）、$X2$（授权发明专利城市 IPC 平均数）在公因子 $F4$ 的载荷较高，$F4$ 方差贡献率为 8.465%。$X5$（授权发明专利五年内被引平均数）在公因子 $F5$ 的载荷较高，$F5$ 的方差贡献率为 8.394%。$X10$（当年发明申请授权率）在公因子 $F6$ 的载荷较高，$F6$ 方差贡献率为 7.357%，说明提高专利技术质量是提高城市创新能力的必然要求。

表2-4　旋转因子载荷矩阵

指标	成分					
	$F1$	$F2$	$F3$	$F4$	$F5$	$F6$
$X1$ 授权发明专利权利要求平均数		0.729				
$X2$ 授权发明专利城市 IPC 平均数		0.696		0.443		
$X3$ 授权发明专利同族国家平均数		0.828				
$X4$ 授权发明专利五年内维持有效占比	0.622					
$X5$ 授权发明专利五年内被引平均数					0.968	
$X6$ 授权发明专利五年内许可平均数			0.882			
$X7$ 授权发明专利五年内转让平均数	0.458		0.499			
$X8$ 授权发明专利职务申请人占比	0.858					
$X9$ 授权发明专利占比				0.828		
$X10$ 当年发明申请授权率						0.955
$X11$ 授权发明专利引证平均数		0.562				
$X12$ 授权发明专利发明人平均数	0.800					

2.5.3　城市专利质量综合指数评价结果

为分析中国地级及以上城市专利质量的地理差异，本章把中国分为东部、中部、西部和东北部四大区域，在本章研究的 279 个城市中，东部城市共 88 个，中部城市共 78 个，西部城市共 79 个，东北部城市共 34 个。

城市专利质量平均得分为正数的地级及以上城市属东部最多，得分最高城市出现在东部，得分最低城市出现在西部。

进一步地，按照省份区划，分析城市专利质量的地理差异。若不考虑直辖市及地级及以上城市较少的省份，可以看出广东、江苏、浙江这几个经济强省的城市专利质量平均得分为负数的城市较少，城市专利质量平均得分为正数的城市较多，整体上反映出广东、江苏、浙江这几个经济强省城市专利质量较高的情况。

对城市专利质量平均得分排名前 30 名城市进行考察，城市专利数量排名前 42 位的城市占比达到 73.33%。如表 2-5 所示，北京、长沙、武汉、珠海、广州、杭州、长春、上海城市专利质量随年份增长保持较为稳定状态；深圳、太原、西安、宁波、合肥、淄博、厦门、常州、洛阳、镇江 2001~2013 年城市专利质量下滑明显。

表2-5　城市专利平均质量排名（前30名，2001~2013年）

城市	2001年	2002年	2003年	2004年	2005年	2006年	2007年	2008年	2009年	2010年	2011年	2012年	2013年	平均
北京	1.05	1.29	1.38	1.44	1.28	1.30	1.21	1.17	1.26	1.17	1.16	1.18	0.99	1.22
深圳	1.35	1.26	1.33	1.44	1.32	1.20	1.16	1.11	1.03	0.89	0.95	0.91	0.71	1.13
长沙	0.62	0.75	0.73	0.42	0.62	1.13	1.15	1.75	1.31	1.15	1.07	0.90	0.90	1.00
太原	0.98	1.26	1.35	1.34	1.21	1.27	1.10	1.02	0.98	0.77	0.68	0.65	0.19	0.98
南京	0.78	0.98	1.17	1.14	1.05	0.91	1.13	1.09	0.95	0.94	0.77	0.52	0.46	0.91
武汉	0.73	0.93	0.97	1.11	1.00	0.92	0.88	0.83	0.30	0.85	0.76	0.71	0.70	0.86
攀枝花	-0.33	1.11	0.23	0.41	1.38	0.50	0.86	1.73	1.04	1.35	1.00	0.77	0.65	0.82
海口	0.12	0.27	0.79	0.19	0.60	0.99	0.71	1.20	0.35	1.70	1.34	0.91	0.67	0.80
珠海	0.67	1.03	0.72	1.06	0.60	0.89	0.72	0.94	0.30	0.72	0.62	0.85	0.65	0.79
西安	0.71	0.75	1.03	1.23	1.21	1.08	1.10	0.95	0.78	0.50	0.47	0.32	0.08	0.78
自贡	0.56	0.23	0.63	0.89	0.85	1.23	0.00	1.14	0.31	0.86	0.71	0.24	0.53	0.78
连云港	1.00	1.19	0.98	1.07	1.35	1.37	0.93	0.51	0.27	0.40	0.31	0.22	0.31	0.76
广州	0.80	1.00	0.68	0.72	0.78	0.75	0.94	0.85	0.68	0.53	0.60	0.65	0.70	0.74
杭州	0.81	1.03	0.75	0.81	0.69	0.74	0.91	0.77	0.71	0.58	0.57	0.58	0.59	0.73

城市	2001年	2002年	2003年	2004年	2005年	2006年	2007年	2008年	2009年	2010年	2011年	2012年	2013年	平均
宁波	0.62	0.77	0.61	0.76	0.74	1.12	0.95	0.89	0.62	0.59	0.59	0.32	0.43	0.69
克拉玛依	0.19	1.46	0.34	0.27	1.10	0.85	0.39	1.37	0.02	0.96	0.49	0.82	0.65	0.69
德阳	0.54	0.69	0.20	0.90	0.98	1.31	1.04	0.94	0.48	0.80	0.44	0.13	0.46	0.68
合肥	0.51	0.88	0.89	0.58	0.98	1.00	0.77	0.84	0.78	0.63	0.29	0.35	0.29	0.68
淄博	1.07	0.92	1.35	1.31	1.02	0.45	0.79	0.52	0.51	0.01	0.17	0.45	0.21	0.67
长春	1.06	0.49	0.55	0.75	0.79	0.72	0.64	0.64	0.75	0.66	0.57	0.58	0.57	0.67
厦门	0.85	0.71	0.76	0.76	0.68	0.75	0.61	0.75	0.59	0.48	0.53	0.62	0.67	0.67
常州	0.76	0.58	0.54	0.81	0.71	0.95	1.17	1.08	0.94	0.65	0.14	0.23	0.15	0.67
洛阳	0.37	0.50	0.79	0.92	0.63	0.90	0.93	0.94	0.89	0.82	0.55	0.32	0.14	0.67
上海	0.69	0.81	0.86	0.84	0.72	0.64	0.59	0.67	0.65	0.49	0.52	0.57	0.58	0.66
镇江	−0.09	0.92	1.22	0.56	0.58	1.26	0.96	0.91	0.89	0.52	0.31	0.20	0.10	0.64
兰州	1.05	0.94	0.73	0.93	0.52	0.34	0.59	0.80	0.48	0.43	0.65	0.46	0.39	0.64
石家庄	0.43	0.38	0.53	0.39	0.67	0.60	0.47	0.78	0.41	0.94	0.69	0.84	0.74	0.63
昆明	0.72	0.66	0.70	0.71	0.91	0.74	0.50	0.54	0.54	0.52	0.52	0.28	0.45	0.61
梅州	0.58	0.24	0.85	1.06	1.88	0.86	0.89	0.18	−0.10	0.45	0.32	0.17	0.53	0.61
宜宾	0.35	0.01	−0.22	0.13	0.26	0.77	0.98	1.06	1.18	1.30	0.90	0.47	0.37	0.58

对专利质量高但专利数量不高的城市进行分析，汇总如表 2-6 所示。海口的发明授权主要集中在医药制造业、化学原料和化学制品制造业，海南灵康制药有限公司母子公司间专利转移较多，技术并购发生的专利转移较多，导致海口的市场运营质量高。连云港专利代理机构集中，发明授权近一半由南京众联专利代理有限公司代理，专业机构代理更有利于申请人获得专利的法律保障。另外，江苏康缘药业股份有限公司、江苏恒瑞医药股份有限公司、江苏豪森药业股份有限公司基于公司跨国发展战略，积极寻求外国的知识产权保护。攀枝花专利主要集中在基本金属的制造业，申请人主要集中在攀钢集团有限公司，因而专利的技术质量较高。德阳申请人主要集中在中国东方电气集团有限公司和中国第二重型机械集团公司，母子公司间专利转让较多，故而具有较高的市场运营质量。克拉玛依石油资源丰富，专利申请多为石油行业企业，技术质量和法律质量高。宜宾专利数量较少，主要集中在四川省宜宾五粮液集团有限公司、宜宾丝丽雅集团有限公司（全球较大的粘纤生产制造基地），主要是专利在母子公司间的转移导致宜宾专利市场运营质量较高。梅州早期专利较少，集中于广东梅县梅雁蓝藻有限公司（现广东梅雁蓝藻有限公司），

该公司荣获 2005 年广东专利优秀奖获奖单位，故而专利维持时间较长，另外政府部门鼓励发明创造，市场运营质量高。自贡的授权率和职务申请人占比较高，体现在其专利结构质量较高。

表2-6 全国城市专利质量2001~2013年平均分前30名异常值

城市	专利质量排名	专利数量排名	质量结构	经济概况
海口	8	67	市场运营质量高	—
连云港	12	70	专利结构质量和法律质量较高	2018 年 2700 亿元地区生产总值，全国百强
攀枝花	7	78	技术质量较高和专利结构质量较高	2018 年人均地区生产总值 9.49 万元，几乎接近于成都
德阳	17	97	法律质量和市场运营质量较高	2018 年地区生产总值 2000 亿元以上，全省第三
自贡	11	120	专利结构质量较高	—
宜宾	30	123	市场运营质量高	2018 年地区生产总值 2000 亿元以上，全省第四
梅州	29	149	市场运营质量高	—
克拉玛依	16	189	技术质量和法律质量较高	—

对平均城市专利质量排名后 30 名的城市进行考察，2001 年，西部城市占比最大，东部占比最小；但发现随着年份增长，西部城市占比越来越小，中部城市占比越来越大。

与此同时，专利质量靠后的东部城市主要出现在广东、福建、海南，说明广东城市专利质量具有较大的不平衡性。中部城市中河南、江西、安徽的城市一直在后 30 名城市列表内。东北部主要为黑龙江的城市。西部城市中广西、甘肃、陕西、内蒙古的城市一直在后 30 名城市列表内（表 2-7）。

表2-7 全国城市专利质量排名后30名城市列表

地区	2001 年	2007 年	2013 年
东部	莆田（福建）、云浮（广东）、三亚（海南）	日照（山东）、宿迁（江苏）、清远（广东）、三亚（海南）	三亚（海南）、漳州（福建）
中部	淮北、黄山（安徽）、吉安（江西）、济源（河南）	宣城、黄山、六安、宿州（安徽）、上饶、鹰潭（江西）、咸宁（湖北）、许昌、鹤壁（河南）	随州、荆门（湖北）、吕梁、晋城、朔州、长治（山西）、吉安（江西）、宣城、亳州、阜阳、宿州（安徽）、驻马店（河南）
东北部	鹤岗、牡丹江、双鸭山（黑龙江）	七台河、佳木斯、黑河、伊春（黑龙江）、辽源（吉林）	绥化、鹤岗、双鸭山、伊春、七台河（黑龙江）

地区	2001 年	2007 年	2013 年
西部	玉林、百色、河池、贵港、防城港、梧州、崇左、来宾（广西） 毕节（贵州） 白银、酒泉、庆阳、武威、张掖（甘肃） 广元、广安（四川） 铜川、延安（陕西） 乌兰察布、巴彦淖尔（内蒙古）	玉林、百色、河池、来宾、防城港（广西） 保山（云南） 榆林、延安、铜川（陕西） 武威、平凉（甘肃） 巴彦淖尔（内蒙古）	南充、广安（四川） 酒泉、庆阳（甘肃） 河池、贵港、百色、防城港（广西） 榆林（陕西） 巴彦淖尔、乌海（内蒙古）

注：本章把中国分为东部、中部、西部和东北部四大区域。在本章研究的 279 个城市中，东部城市共 88 个，中部城市共 78 个，西部城市共 79 个，东北部城市共 34 个

可以得到如下基本结论。

（1）专利质量与专利数量排名大致保持一致，但两者不能等同。首先，在表 2-5 和表 2-6 中，城市专利质量年平均得分排名前 30 名的城市，在城市年平均专利数量排名前 30 位的城市数量比例仅为 46.66%，在排名前 50 位的城市数量比例为 70%。一些专利数量排名靠前的城市如北京、深圳、西安、广州，其专利质量排名基本保持一致。同时，对城市专利质量排名后 30 名城市进行考察，发现众多城市专利数量与专利质量排名均为靠后，这均集中反映出城市专利数量指标在一定程度上能反映出城市专利质量，专利数量的增长是实现专利质量提升的基础。然而，众多城市也存在着专利质量与数量明显不匹配的情况，一些城市专利数量高但测算的专利质量指数并不高，而另一些城市如攀枝花、海口、自贡、连云港、克拉玛依、德阳、梅州、宜宾，其专利质量排名相对于数量排名均有较大程度的提升。因此，仅从专利数量指标不能完全衡量城市的创新能力，专利质量能对城市创新能力做更全面科学评价。

（2）从时间维度看，城市专利质量随时间的波动性明显。部分城市如长沙、攀枝花、海口的专利指数实现了年度的增长，而众多城市如深圳、南京、太原、西安、宁波、合肥、淄博、厦门、常州、洛阳、镇江 2001~2013 年城市专利质量下滑明显。此外，排名前 30 名的一些城市如北京、武汉、珠海、广州、杭州、长春、上海、兰州，其专利质量保持较为稳定的高水平状态，而另一些城市如三亚、黄山、济源、玉林、百色、河池、贵港、铜川、榆林、巴彦淖尔等城市，其专利质量则一直维持在较低水平。这集中反映出，城市专利质量指标相对于专利数量指标时序波动性更大。因而对于整体而言，中国城市专利质量是否随时间提升需要进一步验证。

（3）从空间维度看，城市专利质量空间依赖性与异质性特征并存。首先，不同的地区存在空间依赖性差异，集聚呈现高-高、低-低、高-低不同类型。例如，

长江三角洲、珠江三角洲呈现明显的高-高集聚特征，中部地区河南、江西、安徽，东北部的黑龙江，西部地区广西、甘肃、陕西、内蒙古地区众多城市呈现出相反的低-低集聚特征。与此同时，广东的一些城市同时出现在前 30 名和后 30 名的名单中，这说明广东城市专利质量具有较大的不平衡性，呈现高-低集聚特征。其次，从总体特征来看，城市专利质量呈现东高西低的规律。广东、江苏、浙江这几个经济强省城市专利质量较高，众多城市排名在前 30 名中。对平均城市专利质量排名后 30 名的城市进行考察，2001 年，中西部城市占比最大，东部占比较小，城市专利质量在空间上存在差异。因此，中国城市专利质量的空间集聚呈现何种主要特征，专利质量的空间差距是否在缩小达到收敛状态，需要进一步研究。

2.6　本 章 小 结

本章在阅读大量专利质量相关文献基础上，将城市专利质量界定为专利对城市竞争力形成的影响程度，包括宏观和微观层面的城市专利质量内涵，具体为四个层面内涵（包括专利结构质量、专利法律质量、专利技术质量、专利市场运营质量内涵），内涵的界定是基于专利的构成要素及生产运用管理过程，较为科学合理，并最终构建起具有 12 个三级指标的城市专利质量评价体系。考虑到专利从申请到授权再到运营具有较大的时间跨度，本章将专利申请到运营的时滞设置为 5 年，并用动态因子分析法选取出六个公因子，最终测算出 2001 年至 2013 年我国 279 个城市专利质量的面板数据结果。进一步地，本章还对全国 279 个地级及以上城市 2001 年至 2013 年各年份的城市专利质量进行初步分析，结果显示，城市专利质量呈现东高西低的规律，广东、江苏、浙江这几个经济强省城市专利质量较高。对城市专利质量平均得分排名前 30 名城市进行考察，城市专利数量排名前 50 位的城市占比达到 70%。对城市专利质量平均得分排名后 30 名城市进行考察，中西部城市占比最大，东部占比较小；但发现随着年份增长，西部城市占比越来越小，中部城市占比越来越大。另外，通过分析发现广东地级及以上城市间城市专利质量差距较大。由于区域专利质量的研究尚少，结合实际情况，我们尝试着对我国城市出现东高西低的现象进行如下解释。

第一，东部地区具有较高的技术质量。①民众创新意识较强。东部地区教育资源丰富，有利于创新意识的培育。②地区提供优质的技术创新环境。从法律法规体系层面激励技术创新，对技术创新实行优惠补助政策，并营造良好的鼓励创新的优越环境，提供良好的创新支持服务。③地区技术资源丰富。东部地区拥有较多的大学、科研院所、高科技企业等科研机构，科研人才聚集，技术交流频繁，知识外溢明显，政府科研经费投入较多，图书馆、科研设备等基础设施完善。

第二，东部地区具有较高的运营质量。①民众商业化意识较强。东部地区经济发达，商业环境浓厚，有利于民众商业化意识的培育。②地区提供良好的技术转化环境。通过税收优惠及财政补助鼓励高科技创业公司发展；风险投资业发展成熟，使得资金能流入科技创新企业，提高研发技术的市场转化；建有市场化的知识产权交易平台；高技术产业园区发挥较强的聚集效应，使得创新资源能结合市场的需求进行研发。③地区经济实力保障。经济发达地区在创新驱动转型阶段下更注重引导产业技术创新，发挥市场在创新资源配置中的决定性作用，发挥企业在市场的主体作用，使得创新技术得以有效转化，并对地区经济发展起到引领带动作用。

第三，东部地区具有较高的法律质量。①民众法律意识较强。东部地区教育资源丰富，有利于法律意识的培养。②地区提供良好的法律服务环境。东部地区服务业发达，行业分工更为细致，具有专门从事专利文献撰写的中介机构、协助发明专利申请及审查流程的机构、专业处理知识产权诉讼的律师事务所，帮助发明申请人更好地寻求法律保护；深入参与全球产业链分工，国际化企业逐渐增多，促使发明申请人注重寻求国际上的知识产权保护。③地区法律制度保障。东部地区法治水平高，法律制度较为完善，执法力度强，违法成本高。

第3章 中国城市专利质量时空演进

本章将以中国279个地级及以上城市2001~2013年的各年份城市专利质量为研究范围，基于第2章计算所获得的城市专利质量动态评分进行实证分析，并运用非参数核函数估计、区域差异测度指标、全局自相关检验、一般收敛性模型等方法对中国279个地级及以上城市专利质量的时序演进情况、空间分布特征进行实证研究。

3.1 中国城市专利质量时序演进特征

非参数估计即核密度估计中，观察到的数据点通过平滑的峰值函数核来拟合，模拟真实的概率分布曲线。核函数的参数是每一个数据点的数据加上带宽，将得到的n个核函数线性叠加形成核密度估计，最后归一化得到核密度概率密度函数。非参数估计公式如下：

$$f(y) = \frac{1}{nh} \sum_{i=1}^{n} k\left(\frac{y_i - y}{h}\right) \tag{3-1}$$

其中，h是一个大于0的平滑参数，是非参数估计核函数的带宽（bandwidth）；y是既定的核函数k的映射下，城市专利质量水平在$[-h, h]$上的均值；k是核函数（kernel）；y_i是中国不同规模的城市i年内的专利质量平均水平。

通过非参数估计绘制出2001年至2013年我国279个地级及以上城市的城市专利质量均值的核密度函数图。由图3-1可见，2001年至2013年，随着年份增长，中国城市专利质量分布呈现可见的变化，观察期内户国城市专利质量的得分密度（density）峰值明显发生右移，说明中国城市专利质量整体上呈现缓慢上升的趋势。以0为临界值进行判断，发现2001年中国城市专利质量得分为正数的占比为

50.17%，2013 年中国城市专利质量得分为正数的占比为 55.20%。说明中国城市专利质量水平虽然呈现缓慢上升趋势，但仍有极大可提升空间。此外，总体上看随着年份增长，城市专利质量的极大值明显先增加后减小，极小值先减小后增大，核密度函数图的峰值越来越高，同时峰值略微有所右移，可能说明 2001 年至 2013 年我国绝大部分城市的城市专利质量差距先增大后缩小。我国地级及以上城市 2001 年至 2013 年的城市专利质量总体上呈现单峰分布演进特征，即不存在高专利质量城市较多与低专利质量城市较多并存的情况。

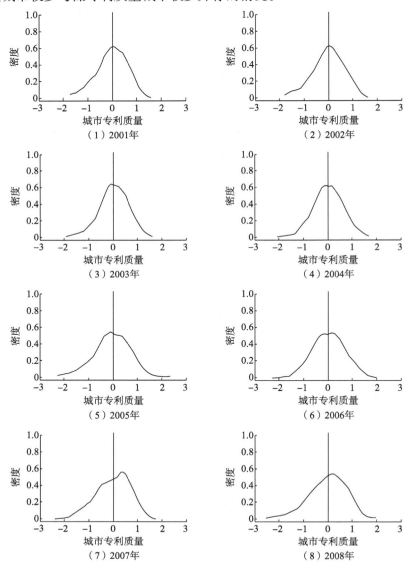

（1）2001年　　　　　　　　（2）2002年
（3）2003年　　　　　　　　（4）2004年
（5）2005年　　　　　　　　（6）2006年
（7）2007年　　　　　　　　（8）2008年

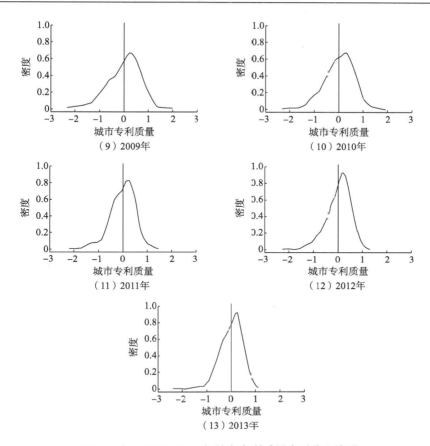

图 3-1　中国 2001~2013 年城市专利质量水平分布演进

　　非参数核函数估计、核函数密度图的绘制会受带宽设置的影响，设置的带宽值不一样，核函数估计的结果也会有很大不同。表 3-1 显示了 2001~2013 年城市专利质量分布核函数估计的带宽数值。

表3-1　2001~2013年核函数带宽估计

项目	2001 年	2002 年	2003 年	2004 年	2005 年	2006 年	2007 年
带宽	0.1723	0.1887	0.1715	0.1756	0.2073	0.1974	0.2011
项目	2008 年	2009 年	2010 年	2011 年	2012 年	2013 年	—
带宽	0.2126	0.1913	0.1757	0.1460	0.1321	0.1310	—

　　以 2001 年城市专利质量分布数据为样本，针对不同带宽设置对非参数核函数估计的影响进行实证检验，实证结果如图 3-2 所示。可见，2001 年城市专利质量分布在非参数核函数估计中的带宽值为 0.1723，分别将带宽值设置为 1.723、0.1723

和 0.017 23，再对 2001 年城市专利质量分布进行模拟估计，可见带宽值为 1.723 的核函数呈现拟合不足的情况，而带宽值为 0.017 23 的核函数则呈现过度拟合的情况，以上均验证了带宽值的不同设置会对非参数核函数模拟估计产生很大影响。

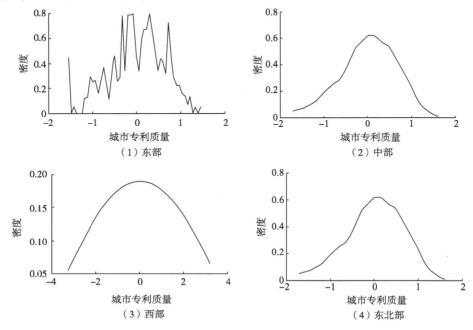

图 3-2　不同带宽对核函数的影响

通过分析中国城市专利质量的时序演进特征，可以发现，①核密度函数随年份增长仅呈现略微右移，城市专利质量没有非常明显的增加，城市专利质量仍有很大的可提升空间。②总体上看，随着年份增长，城市专利质量的极大值先增大后减小，极小值先减小后增大，核密度函数图的峰值越来越高，可见我国地级及以上城市 2001 年至 2013 年的城市专利质量总体上呈现单峰分布演进特征，不存在高专利质量城市较多与低专利质量城市较多并存的情况，上述均说明我国城市专利质量区域差距可能先增大后缩小，长期看可能呈现收敛增长的趋势。

以城市经济收敛增长的理论为参照，城市专利质量的收敛增长可能源于三种机制。①研发资本收敛机制，在其他研发投入不变的情况下，由于研发资本具备边际收益递减的特征，城市专利质量呈现收敛增长的情况。②研发技术收敛机制，即研发技术的外溢效益。一个区域的研发技术可以外溢扩散到周边区域，并被吸收学习，促进其他区域的创新发展，最终导致城市专利质量的收敛增长情况。③研发劳动生产率收敛机制，即研发人员从低专利质量城市流动至高专利质量城市，研发资本从高专利质量城市流动至低专利质量城市，导致研发劳动生产率收敛，最终导致城市专利质量的收敛增长情况。

3.2　中国城市专利质量区域差距测度

图 3-2 显示，总体上看，随着年份增长，我国城市专利质量地区差距可能呈现先增大后减小趋势。但我们仍需通过专业测量工具去实证检验我国城市专利质量的地区差距状况。本节将参照基尼系数（Gini coefficient，Gini）、赫芬达尔-赫希曼指数（Herfindahl-Hirschman index，HHI）、变异系数（coefficient of variation，CV）、泰尔指数（Theil entropy index，TEI）的区域差距测量工具进行实证检验。

通过计算发现，2001 年至 2013 年，我国城市专利质量平均值出现先下降后上升趋势；进一步测量 2001 年至 2013 年我国城市专利质量分布的四分位间距，结果如表 3-2 所示。

表3-2　2001~2013年城市专利质量数据的四分位间距

项目	2001 年	2002 年	2003 年	2004 年	2005 年	2006 年	2007 年
四分位间距	0.7963	0.8723	0.7927	0.8120	0.9585	0.9125	1.8939
项目	2008 年	2009 年	2010 年	2011 年	2012 年	2013 年	—
四分位间距	1.3327	0.8842	0.8120	0.6750	0.6145	0.6542	—

由表 3-2 可知，我国城市专利质量的四分位间距数值大体上呈现先增加后减小的趋势，结合我国城市专利质量均值的变动情况（先减少再增加），粗略预计我国城市专利质量的地区差距可能先增大再减小。

使用 Gini、HHI、CV、TEI 等专业区域差距测量工具进行实证检验。在数据处理上，城市专利质量动态得分存有负数情况，本章利用数据平移的方法以实现区域差距的测量，使得不同年份间的区域不平衡性得以测算对比。

（1）Gini。Gini 数值区间为[0,1]，数值越大，代表区域差距越大；反之，则区域差距越小。Gini 的计算过程如下所示：

$$G = \frac{1}{2n^2\bar{y}} \sum_{i=1}^{n} |y_i - y_j| \qquad （3-2）$$

其中，y_i 是第 i 个城市的城市专利质量情况；$\bar{y}$ 是城市专利质量均值；y_j 是第 j 个城市的城市专利质量情况；n 是城市数量。

（2）HHI。HHI 数值区间为$[\frac{1}{n},1]$，数值越大，代表区域差距越大；反之，则区域差距越小。HHI 的计算过程如下所示：

$$\text{HHI} = \sum_{i=1}^{n} S_i^2 \quad S_i = \frac{y_i}{Y} \quad Y = \sum_{i}^{n} y_i \tag{3-3}$$

其中，y_i 是第 i 个城市的城市专利质量情况；S_i 是第 i 个城市的城市专利质量占全体城市专利质量总得分的比重。

（3）CV。CV 消除量纲的影响，使得我们可以比较不同变量分布的情况。CV 的绝对值越大，代表区域差距越大；反之，则区域差距越小。CV 的计算过程如下所示：

$$\text{CV} = \left. \sqrt{\frac{1}{n} \sum_{i=1}^{n} (y_i - \bar{y})^2} \right/ \bar{y} \tag{3-4}$$

其中，y_i 是第 i 个城市的城市专利质量情况；$\bar{y}$ 是城市专利质量均值。

（4）TEI。TEI 的数值区间为[0,1]，数值越大，代表区域差距越大；反之，则区域差距越小。TEI 的计算过程如下所示：

$$\text{TEI} = \frac{1}{n} \sum_{i=1}^{n} \frac{y_i}{\bar{y}} \log\left(\frac{y_i}{\bar{y}}\right) \quad \bar{y} = \frac{1}{n} \sum_{i=1}^{n} y_i \tag{3-5}$$

其中，y_i 是第 i 个城市的城市专利质量情况；$\bar{y}$ 是城市专利质量均值。

城市专利质量区域差距测算结果汇总如表 3-3 所示。

表3-3　城市专利质量区域差距测度

年份	Gini	HHI	CV	TEI
2001	0.150 33	0.003 84	0.266 69	0.038 14
2002	0.155 68	0.003 86	0.276 84	0.041 33
2003	0.145 95	0.003 83	0.261 29	0.036 9
2004	0.148 09	0.003 83	0.264 13	0.037 05
2005	0.174 55	0.003 93	0.311 85	0.053 23
2006	0.163 64	0.003 89	0.290 61	0.045 15
2007	0.165 8	0.003 89	0.293 89	0.047 52
2008	0.171 23	0.003 93	0.310 69	0.051 26
2009	0.157 66	0.003 87	0.285 21	0.046 54
2010	0.143 08	0.003 82	0.258 21	0.036 9
2011	0.119 82	0.003 76	0.218 64	0.026 24
2012	0.116 63	0.003 75	0.214 06	0.025 62
2013	0.108 11	0.003 72	0.197 74	0.022 00

表 3-3 可知，Gini、HHI、CV、TEI 呈现一致的变动趋势，指数（系数）大体上均呈现先增加后减少的趋势，说明随着年份增长，我国城市专利质量差距可能

先增大后减小。进一步地，通过皮尔逊相关系数和斯皮尔曼秩相关系数测量四个指数（系数）间的相关性，测量结果如表 3-4 所示。

表3-4　城市专利质量差距测度指标皮尔逊相关系数矩阵

差距测度指标	Gini	TEI	CV	HHI
Gini	1.0000	0.9869	0.9978	0.9934
TEI	0.9869	1.0000	0.9931	0.9958
CV	0.9978	0.9931	1.0000	0.9978
HHI	0.9934	0.9958	0.9978	1.0000

皮尔逊相关系数的测算结果及斯皮尔曼秩相关系数的测算结果（表 3-5）表明，四种系数间的相关性都很高，测算出的指数间相关系数均高于 0.9，表明区域差距指数的测算结果大体一致。说明随着年份增长，我国城市专利质量差距呈现先增大后减小的趋势。

表3-5　城市专利质量差距测度指标斯皮尔曼秩相关系数矩阵

差距测度指标	Gini	TEI	CV	HHI
Gini	1.0000	0.9931	1.0000	1.0000
TEI	0.9931	1.0000	0.9931	0.9931
CV	1.0000	0.9931	1.0000	1.0000
HHI	1.0000	0.9931	1.0000	1.0000

3.3　中国城市专利质量空间演进特征

3.3.1　中国城市专利质量的空间依赖性

城市专利质量空间演进分布特征分析具有重大的意义，因为一个城市的创新发展不止依靠城市本身的创新实力，也依赖其在城市创新体系中的分工与地位，与其他城市的相互作用。同时，我国要实现创新驱动转型，就必须关注区域间的创新平衡性，基于不同区域的创新实情针对性地进行政策引导。因此，本章将对 2001 年至 2013 年 279 个城市的城市专利质量空间演进分布特征进行分析。首先，对全国城市专利质量的空间全局自相关进行实证检验。具体操作上，本章将逐年计算 2001 年至 2013 年全国地级及以上城市专利质量的全局莫兰指数（Moran's I），结果如表 3-6 所示。可见我国城市专利质量整体上具有空间相关性的特征，且是非随机分布的。2001 至 2013 年，累计有 11 个年份是在 1%或 5%的水平上显著的。此外，除了 2003 年，其他年份的 Moran's I 都大于零，这说明我国城市专利质量总体上呈现出地理聚集的空间特征。

表3-6　各年份全局自相关结果

年份	Moran's I	预期指数	方差	z 得分	p 值
2001	0.014	−0.004	0.007	2.338	0.019**
2002	0.021	−0.004	0.007	3.369	0.001***
2003	−0.008	−0.004	0.007	−0.662	0.508
2004	0.007	−0.004	0.007	1.406	0.160
2005	0.021	−0.004	0.007	3.304	0.001***
2006	0.021	−0.004	0.007	3.287	0.001***
2007	0.022	−0.004	0.007	3.523	0.000***
2008	0.028	−0.004	0.007	4.267	0.000***
2009	0.021	−0.004	0.007	3.315	0.001***
2010	0.016	−0.004	0.007	2.603	0.009***
2011	0.015	−0.004	0.007	2.515	0.012**
2012	0.031	−0.004	0.007	4.691	0.000***
2013	0.024	−0.004	0.007	3.691	0.000***

***、**分别代表在 1%、5%的水平上显著

3.3.2　中国城市专利质量的空间异质性

为分析城市专利质量的地理差异，首先描绘四大地理分区的城市专利质量平均得分频数分布直方图及正态基准分布状况，如图 3-3 所示。

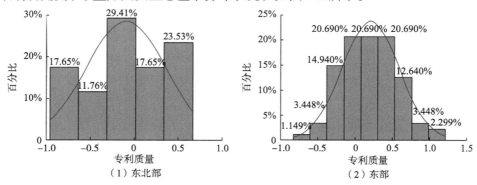

（1）东北部　　　　　　　　（2）东部

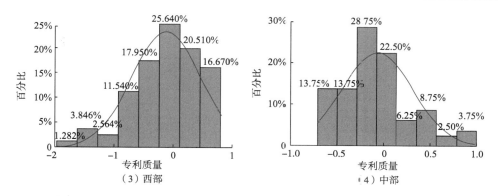

图 3-3 按东、中、西、东北部划分城市专利质量平均得分频率分布直方图

对比图 3-2 可知，城市专利质量平均得分为正数的地级及以上城市属东部最多，得分最高的城市出现在东部，得分最低的城市出现在西部，直观上可以看出城市专利质量在空间上东高西低的区域差异特征明显。结合实际情况，本节从专利质量的构成层面对中国城市专利质量出现的东高西低的空间差异性进行解释。首先，东部地区法律制度较为完善，执法力度强，违法成本高；地区行业分工更为细致，具有专门从事专利文献撰写的中介机构、协助发明专利申请及审查流程的机构、专业处理知识产权诉讼的律师事务所，帮助发明申请人更好地寻求法律保护；由于地区深入参与全球产业链分工，国际化企业逐渐增多，促使发明申请人注重寻求国际上的知识产权保护，这些条件导致东部地区具有较高的专利法律质量。其次，由于东部地区为技术创新提供了更多优惠补助政策，并营造良好的鼓励创新的优越环境，因此吸引了大量包括大学、科研机构、高科技企业等科技资源聚集，技术交流更加频繁，知识外溢明显，这显著提升了东部地区的专利技术质量。最后，东部通过税收优惠及财政补助、建设知识产权交易平台、培育风险投资业发展，极大提高了研发技术的市场转化效率，创新资源能结合市场的需求进行研发，因此东部地区具有较高的专利运营质量。正是东部地区在法律质量、技术质量及运营质量方面巨大的优势，导致了东部地区在专利质量上整体高于中西部地区。

如表 3-7 所示，2001 年城市专利质量的高-高集聚出现在东部的广东、浙江、江苏、山东、河北、北京、天津，中部的江西，西部的重庆和四川，东北部的辽宁。低-低集聚出现在西部的内蒙古、广西、陕西，以及中部的江西。低-高聚集出现在西部的四川及东部的广东。高-低聚集出现在西部的甘肃、宁夏、内蒙古、贵州、广西，中部的河南、湖南、江西，以及东部的福建和广东。

表3-7 局域自相关检验显著城市列表

集聚类型	2001 年	2007 年	2013 年
高-高	重庆市、天津市、北京市 惠州市、广州市、中山市、珠海市、东莞市、汕尾市、韶关市、深圳市（广东） 绍兴市、嘉兴市、湖州市（浙江） 南通市（江苏） 潍坊市、淄博市、济南市、滨州市、德州市（山东） 沧州市、廊坊市、唐山市、承德市、秦皇岛市（河北） 葫芦岛市、朝阳市、锦州市、盘锦市、鞍山市、沈阳市、营口市、辽阳市、大连市（辽宁） 成都市、资阳市、眉山市（四川） 赣州市（江西）	广州市、东莞市、深圳市、珠海市（广东） 镇江市、南京市、无锡市（江苏） 上海市 丽水市、温州市、台州市、绍兴市、宁波市（浙江） 雅安市、成都市（四川）	丽水市、衢州市、温州市、绍兴市、金华市（浙江） 韶关市、惠州市、广州市、东莞市、深圳市、中山市、江门市、珠海市（广东） 衡水市（河北） 湘潭市、娄底市、衡阳市（湖南） 南平市、宁德市（福建） 四平市、白山市（吉林） 赣州市（江西）
低-低	河池市、百色市、来宾市、贵港市、防城港市、钦州市（广西） 宜春市（江西） 榆林市（陕西） 乌海市（内蒙古）	信阳市、驻马店市（河南） 钦州市、北海市、防城港市、崇左市、南宁市、贵港市、河池市、百色市（广西） 榆林市（陕西） 鄂尔多斯市、包头市（内蒙古） 牡丹江市、鸡西市、七台河市、双鸭山市、佳木斯市、鹤岗市、伊春市（黑龙江）	防城港市（广西） 吕梁市（山西） 榆林市（陕西） 乌海市（内蒙古） 辽阳市（辽宁） 七台河市、双鸭山市（黑龙江）
低-高	遂宁市（四川） 清远市（广东）	佛山市、中山市、清远市、河源市（广东） 眉山市、内江市、资阳市、遂宁市（四川） 金华市、湖州市、嘉兴市（浙江） 南通市、泰州市、扬州市、宿迁市、徐州市、苏州市（江苏） 赣州市、萍乡市（江西） 株洲市、益阳市（湖南） 铜仁市（贵州） 宣城市、滁州市、宿州市（安徽） 日照市、泰安市、济南市（山东） 石家庄市、承德市（河北）	漳州市（福建） 吉安市（江西）

续表

集聚类型	2001 年	2007 年	2013 年
高-低	金昌市、嘉峪关市（甘肃） 石嘴山市（宁夏） 鄂尔多斯市、包头市（内蒙古） 商丘市（河南） 遵义市、安顺市（贵州） 南宁市、柳州市、桂林市、贺州市 （广西） 茂名市（广东） 郴州市（湖南） 三明市（福建） 鹰潭市（江西）	南昌市（江西） 咸阳市（陕西）	佳木斯市、鸡西市、牡丹江市、哈尔滨市、黑河市（黑龙江） 乌兰察布市、包头市、鄂尔多斯市（内蒙古） 石嘴山市（宁夏） 延安市（陕西） 临汾市、晋中市（山西） 达州市（四川）、 重庆市 襄阳市（湖北） 黄山市、安庆市、马鞍山市、芜湖市、六安市、淮南市、蚌埠市、淮北市（安徽） 信阳市、商丘市、周口市（河南） 梧州市、来宾市、南宁市、崇左市、钦州市、北海市（广西）

2007 年城市专利质量的高-高集聚出现在东部的江苏、浙江、广东、上海，以及西部的四川。低-低集聚出现在西部的广西、陕西、内蒙古，中部的河南，东北部的黑龙江。低-高集聚出现在东部的广东、浙江、江苏、河北、山东，中部的江西、湖南、安徽，以及西部的四川、贵州。高-低集聚出现在中部的江西及西部的陕西。

2013 年城市专利质量的高-高集聚出现在东部的浙江、广东、福建、河北，中部的湖南、江西以及东北部的吉林。低-低集聚出现在西部的广西、陕西、内蒙古，东北部的辽宁、黑龙江，以及中部的山西。低-高集聚出现在福建的漳州和江西的吉安。高-低集聚出现在西部的重庆、广西、四川、陕西、宁夏、内蒙古，中部的河南、安徽、湖北、山西，以及东北部的黑龙江。

观察期间东部地区长江三角洲、珠江三角洲的城市持续呈现城市专利质量的高-高集聚现象，且均有辐射带动周边区域城市，最终导致一荣俱荣的城市发展格局。值得注意的是，2001 年环渤海区域有大片的高-高集聚现象，但随着年份增长消失了。城市专利质量低-低集聚现象主要出现在我国西部城市，广西、陕西、内蒙古城市均持续出现在低-低集聚范围，但仅有广西大片出现低-低集聚城市。观察期间，城市专利质量高-低集聚情况和低-高集聚情况主要出现在我国的中西部地区城市，可见中部地区城市和西部地区城市的城市专利质量存在较大的区域不平衡性。另外值得注意的是，在 2007 年东部较多城市也出现高-低和低-高集聚。

整体上看，高-高聚集城市和低-低集聚城市的占比由 2001 年 16.85%、2007 年 12.54%逐步减少到 2013 年的 10.39%，其中低-低集聚城市的比重由 2001 年的 3.23%增加到 2007 年的 7.17%再减少到 2013 年的 2.51%，高-高集聚城市的比重由 2001 年的 13.62%减少到 2007 年的 5.38%再增加到 2013 年的 7.89%。可以发现，我国城市专利质量的平衡性经历了从高-高集聚到低-低集聚再到高-高集聚为主的内部轮动转化，其中环渤海、长江三角洲、珠江三角洲城市聚集效应明显。而高-低集聚城市和低-高集聚城市单元的占比由 2001 年 6.45%增加到 2013 年 12.19%，表明地区的不平衡性呈现持续增加的趋势。

3.4　中国城市专利质量一般收敛性

前面的分析表明 2001 年至 2013 年，随着年份增长，我国城市专利质量区域差距存在先增大后减小的趋势。那么，一个随之而来的问题是，从长期看中国城市专利质量是否存在收敛性呢？参照经济增长的收敛理论，收敛一般分为 σ 收敛、β 绝对收敛、β 条件收敛、俱乐部收敛等四种类型。在模型的选择上，本章选取 β 条件收敛模型。β 条件收敛是从增长率的角度考察不同地区之间专利质量的变化态势，若增长率与初始经济增长质量呈负向关系，则落后地区的专利质量增长率将逐渐赶上发达地区，最终达到趋同的收敛状态。相比较而言，绝对收敛只考虑城市自身专利质量初始水平对收敛情况的影响，而条件收敛则考虑其在控制一系列影响因素后的影响，较为合理。此外，本章将中国分为东、中、西、东北四大地区，即四个"俱乐部"，考察各地区内部的专利质量是否存在着俱乐部收敛情况。与此同时，由于各地区之间经济要素流动日益频繁，收敛机制存在着空间外溢效应驱动，空间依赖性不能忽视，因此，在考察一般传统 β 条件收敛模型外，还选择了空间 β 条件收敛模型进行分析。

具体而言，对于中国整体地区专利质量传统 β 条件收敛模型表示为

$$\frac{y_{i,t+1} - y_{it}}{|y_{it}|} = \alpha + \beta y_{it} + X\gamma + \mu_i + \nu_t + \varepsilon_{it} \tag{3-6}$$

在式（3-6）中，由于测算专利质量指数存在负值，因此模型左侧采用水平值计算专利质量的增长率，y_{it} 是城市 i 的第 t 期城市专利质量，向量 X 是一系列控制变量，μ_i 是地区固定效应，ν_t 是时间固定效应，ε_{it} 是随机误差项，α、β、γ 是相关系数。在模型估计时，采用地区及时间双向固定效应估计。核心估计参数 β 度

量了城市专利质量的收敛情况，若中国整体地区专利质量水平存在条件收敛，则预期系数 β 应显著为负。

空间计量模型是分析空间依赖问题的良好工具。一般而言，存在着空间自回归模型（spatial autoregressive model，SAR，又称空间滞后模型）、空间误差模型（spatial error model，SEM）及空间杜宾模型（spatial Dubin model，SDM）三种类型。本章同时考虑三种类型，以验证不同空间影响下条件收敛机制是否成立。中国整体地区专利质量空间 β 条件收敛的各类空间模型如表 3-8 所示。

表3-8　专利质量空间 β 条件收敛的各类空间模型

名称	公式
SAR	$$\frac{y_{i,t+1} - y_{it}}{|y_{it}|} = \alpha + \beta y_{it} + \rho W_{ij} \frac{y_{i,t+1} - y_{it}}{|y_{it}|} + X\gamma + \mu_i + \nu_t + \varepsilon_{it}$$
SEM	$$\frac{y_{i,t+1} - y_{it}}{|y_{it}|} = \alpha + \beta y_{it} + X\gamma + \mu_i + \nu_t + \varepsilon_{it}$$ $$\varepsilon_{it} = \lambda W_{ij}\varepsilon_{it} + e_{it}$$
SDM	$$\frac{y_{i,t+1} - y_{it}}{|y_{it}|} = \alpha + \beta y_{it} + \rho W_{ij} \frac{y_{i,t+1} - y_{it}}{|y_{it}|} + X\gamma - W_{ij}X\theta + \mu_i + \nu_t + \varepsilon_{it}$$

注：θ 是控制变量空间权重调整后的系数

表 3-8 中基本变量设置与式（3-6）含义相同，W_{ij} 是空间权重矩阵，本章定义为地区间地理距离 d_{ij} 的倒数，即 $W_{ij} = \begin{cases} 1/d_{ij}, & i \neq j \\ 0, & i = j \end{cases}$，此外在回归时采用标准化的空间权重矩阵。

分别对中国东部、西部、中部、东北部四大区域进行传统 β 条件收敛模型与空间 β 条件收敛模型检验，以讨论地区内部是否存在俱乐部收敛。

在控制变量的选择中，选取如下控制变量。①经济发展水平。采用已消除通货膨胀因素的实际人均 GDP 的对数衡量地区经济发展水平。②产业结构。产业结构的优化升级将对地区创新产生显著的影响。基于选择地区存在明显的产业发展程度的差异性，采用第二产业产值占 GDP 的比重与第三产业产值占 GDP 的比重两个指标来衡量。③投资率。投资是地区创新发展的内在引擎，采用固定资产投资占 GDP 的比重来衡量。④基础设施建设水平。采用人均城市道路面积的对数来衡量。所用数据均来自《中国城市统计年鉴》及 WIND 数据库，部分缺失数据从相应地区对应年份的《城市统计年鉴》中加以补充。

表 3-9 为整体地区城市专利质量的 β 条件收敛模型结果。结果显示，在控制了经济发展水平、产业结构、投资率、基础设施建设水平等变量后，整体样本中普通 FE 模型与相关空间计量模型的 β 估计值均为负，且在 5% 或 10% 的水平上显著，证实了专利质量的增长率在趋同的事实，说明城市专利质量确实存在 β 条件

收敛，反映出研发资本投入具备边际收益递减的特征。从空间回归结果看，空间系数 ρ 或 λ，均通过 10% 显著性检验。所不同的是，ρ 值为正说明专利质量具有正向溢出效应，周边省份的专利质量对本省份具有正向推动作用，通过创新能力外溢扩散到周边区域并吸收学习，促进其他区域的创新发展，最终引起城市专利质量的收敛。λ 值为负说明不易观测的其他变量则存在负向虹吸效应。从总体来看，整体地区城市专利质量存在着条件收敛特征，且存在着明显的空间效应。

表3-9　整体地区 β 条件收敛性回归结果

变量	FE	SAR	SEM	SDM
β	−5.5464** （−2.63）	−5.3021* （−1.68）	−5.2247* （−1.66）	−5.9305* （−1.87）
_cons	94.9374 （0.87）			
控制变量	控制	控制	控制	控制
ρ		0.3138* （1.95）		0.3615** （2.21）
λ			−0.3239** （−2.00）	
δ				控制
时间效应	控制	控制	控制	控制
地区效应	控制	控制	控制	控制
N	3348	3348	3348	3348
R^2	0.0052	0.0033	0.0033	0.0036

注：①FE 回归中括号中的为 t 值，SAR、SEM、SDM 回归中括号中的为 z 值；②所有回归均采用以地区为聚类变量的聚类稳健标准误；③篇幅所限，未列出控制变量结果

*、**分别表示在 10%、5% 水平上显著

　　表3-10 为中国分地区城市专利质量的 β 条件收敛回归结果，以检验是否存在着俱乐部收敛情况。分地区结果显示，各地区的收敛情况表现出明显的地区异质性。首先从 β 系数大小来看，中部地区 β 的绝对值最大，表明收敛速度最快且高于全国整体水平，其次是东北部地区、东部地区，而西部地区收敛速度最慢，表明专利质量水平越高，地区发展水平越相近，研发资本投入边际收益递减的特征越明显，辐射溢出效应越小，从而导致收敛速度越慢。其次从 β 系数显著性来看，β 估计值均为负，除中部地区外，其余地区在 15% 的水平上显著，这表明东部、西部及东北部地区专利质量水平已出现俱乐部收敛情形，而中部地区仍未出现趋同趋势。最后从空间效应来看，ρ 值为正、λ 值为负，与全国整体情况一致，说明专利质量水平本身具有正向溢出效应，但不易观测的其他变量则存在负向虹吸效应。然而，西部地区的空间系数显著性不高，这表明西部地区"各自为政"问题仍存在，空间关联性不够强，通过空间溢出带动区域实现俱乐部收敛的机制仍

未完善。分地区 β 条件收敛的结果说明，区域间专利质量差距在缩小的情况已出现，但政府仍需重视城市专利质量地区间的差异性与不平衡性，增进西部地区创新网络联系，打通创新辐射效应渠道。

表3-10 分地区 β 条件收敛回归结果

变量	东部地区				中部地区			
	FE	SAR	SEM	SDM	FE	SAR	SEM	SDM
β	−3.1570*** (−3.83)	−3.1541*** (−4.32)	−3.1489*** (−4.31)	−3.4129*** (−4.64)	−11.4425^ (−1.60)	−11.2686 (−1.03)	−10.6787 (−0.98)	−14.9547 (−1.36)
_cons	−8.2264 (−0.33)				662.5376 (1.23)			
控制变量	控制	控制	控制	控制	控制	控制	控制	控制
ρ		0.2307^ (1.62)		0.2805* (1.93)		0.3422* (1.85)		0.4269** (2.26)
λ			−0.2205^ (−1.54)				−0.3644* (−1.95)	
δ				控制				控制
时间效应	控制	控制	控制	控制	控制	控制	控制	控制
地区效应	控制	控制	控制	控制	控制	控制	控制	控制
N	1056	1056	1056	1056	936	936	936	936
R^2	0.0448	0.0496	0.0426	0.0030	0.0173	0.0012	0.0010	0.0026
变量	西部地区				东北部地区			
	FE	SAR	SEM	SDM	FE	SAR	SEM	SDM
β	−2.7082*** (−6.27)	−2.5178*** (−6.69)	−2.5285*** (−6.70)	−2.4940*** (−6.61)	−4.8430** (−3.23)	−3.7726* (−1.90)	−3.6804* (−1.80)	−3.3853^ (−1.56)
_cons	0.8596 (0.07)				−243.8133 (−1.32)			
控制变量	控制	控制	控制	控制	控制	控制	控制	控制
ρ		0.1879^ (1.61)		0.1998* (1.67)		0.5837** (2.62)		0.6903** (3.02)
λ			−0.1951^ (−1.63)				−0.5909** (−2.62)	
δ				控制				控制
时间效应	控制	控制	控制	控制	控制	控制	控制	控制
地区效应	控制	控制	控制	控制	控制	控制	控制	控制
N	948	948	948	948	408	408	408	408
R^2	0.0580	0.1747	0.1679	0.0426	0.0492	0.0015	0.0110	0.0021

注：①FE 回归中括号中的为 t 值，SAR、SEM、SDM 回归中括号中的为 z 值；②所有回归均采用以地区为聚类变量的聚类稳健标准误；③篇幅所限，未列出控制变量结果

^、*、**、***分别表示在15%、10%、5%、1%水平上显著

3.5　产业协同集聚能否提升城市专利质量

3.5.1　引言

城市作为创新要素资源的集聚地及实施创新驱动发展战略的策源地，是专利申请发明及产生经济价值全过程的基本空间载体。专利作为衡量创新能力的重要标尺，主要包括数量与质量信息。随着各城市科技投入的不断增加及创新体制的日趋改善，专利数量作为主要关注的创新产出，其总量大幅提升。截止到 2019 年，中国发明专利申请量和授权量已居世界首位。然而，受 R&D 人员和资本要素投入、创新政策环境、产业集聚等多种因素影响，以数量信息为表征的"专利泡沫"和"创新假象"现象时有发生，难以反映现实中真实的创新能力水平及空间分布（张杰等，2016；张杰和郑文平，2018）。相比较而言，专利质量作为知识生产力的重要载体和表现形式，是评价区域创新能力更为准确且重要的衡量指标。相关学者已关注到专利质量内容（Lanjouw and Schankerman，2004；雷孝平等，2008），但分析与评价仍多以专利数量型指标、省级区域为主，缺乏对城市层面专利质量的足够重视。2020 年 11 月 30 日，习近平总书记在中央政治局第二十五次集体学习时强调"当前，我国正在从知识产权引进大国向知识产权创造大国转变，知识产权工作正在从追求数量向提高质量转变"[①]；教育部、科学技术部和国家知识产权局《关于提升高等学校专利质量　促进转化运用的若干意见》提出坚持新发展理念，紧扣高质量发展这一主线，深入实施创新驱动发展战略和知识产权强国战略，全面提升高校专利创造质量、运用效益、管理水平和服务能力，推动科技创新和学科建设取得新进展，支撑教育强国、科技强国和知识产权强国建设。因此，重视并着力提升城市专利质量，才能精准提高城市创新竞争力，继而更好地立足当前激烈的地区间竞争。

在分析城市创新的影响因素时，产业集聚是不可忽视的一个重要因素。众多学者首先研究了单一产业集聚对创新的影响，但结论存在着不同的声音。部分学者认为产业集聚具有市场扩大和技术扩散效应，能够有效提升区域创新水平（Carlino et al.，2007；张可，2019a，2019b），且制造业集聚不论在总体上还是在细分行业上均有利于促进技术创新（丁焕峰和邱梦圆，2018）。Eswaran 和 Kotwal

---

① 习近平主持中央政治局第二十五次集体学习并讲话，http://www.gov.cn/xinwen/2020/12/01/content_5566183.htm[2022-08-24]。

（2002）、韩峰等（2014）则认为生产性服务业集聚带来知识外部溢出，在共享学习机制下促进区域创新，同时这种作用存在地域差异和行业异质性。与此同时，也有一些学者研究认为，产业集聚对区域创新存在负面效应，主要原因在于，在知识产权保护较弱的制度环境下，产业集聚加速知识溢出，模仿创新变得更为容易，这将会降低创新投入的激励从而抑制创新提升（陈佳贵和王钦，2005）。原毅军和郭然（2018）则认为集聚与创新存在着非线性关系，以倒"U"形为主要特征。目前，结论存在争议的一个重要的原因在于，其分析未能在产业协同集聚的背景下进行。在产业间不断加快互动融合、协同集聚的背景下，单一集聚所形成结论的适用条件已发生变化，产业协同集聚对城市创新水平更值得关注。

当前，制造业与生产性服务业正不断加快融合的步伐，已经呈现出"双轮驱动"的新发展模式（江曼琦和席强敏，2014）。城市作为实现产业多元协同融合的现实空间平台，产业间协同集聚倾向更加明显（Ke et al.，2014）。首先，制造业服务化、服务业制造化的新趋向促使产业向微笑曲线价值链的两端攀升，产生更多的新部门新产品新业态（顾乃华等，2006），更好地满足顾客多元化的消费需求。其次，交通仓储、信息通信、金融投资、科研服务等生产性服务业与制造业紧密合作，降低了生产环节分散化的商务和交易成本，进而提高制造业专业化水平和生产效率。一个显著性的特征是，中国的产业协同集聚与专利创新活动的空间分布呈现出高度一致。东部地区制造业和生产性服务业在地理上呈现显著的协同集聚特征，区域创新活动及专利产出数量、科研实力、运营质量也均明显高于中西部地区（Giuliani，2007；宋旭光和赵雨涵，2018）。除中国外，产业集聚与专利创新活动的空间趋近特征在全球众多地区也同样存在。可以预期的是，随着产业融合进程加快，相较于单一产业在空间规模或形态上的简单扎堆，制造业与生产性服务业在城市空间中耦合互动及深度渗透所形成的协同集聚模式，对地区专利创新活动的作用日趋重要。

产业协同集聚与区域专利创新活动在空间上的高度关联，也引发部分学者的关注。戴一鑫等（2019）、刘胜等（2019）利用工业企业数据，验证了产业协同集聚通过资源配置、知识溢出、研发创新激励促进企业创新。Jacobs 等（2013）则认为在细分行业中，产业协同集聚有利于促进企业创新动态。然而，这类研究多集中在企业层面，或使用数量型指标代理，鲜有关注对城市专利质量的影响。更为重要的是，现有文献缺乏对影响机制的具体分析与验证，以及对不同区域类型、层级类型、行业类型的异质性影响的分析。那么，制造业与生产性服务业的协同集聚能否促进城市专利质量水平？如果能促进，那这种协同集聚促进城市专利质量存在哪些主要的影响机制？这种协同集聚所带来的增进效应相比于单一集聚有何不同，又是否存在地区差异和行业异质特征？本节希望通过厘清这些理论与实践问题，准确把握产业协同集聚度促进城市专利质量的影响效应及其内在关联，为实施专利质量提升工程战略及促进制造业与服务业深度融合提供经验支持，兼具重要的理论与现实意义。

因此，本节聚焦于制造业与生产性服务业协同集聚提升城市专利质量的作用大小及其内在机理。首先基于城市面板数据，测度城市专利质量水平与产业协同集聚度；其次通过实证，分析协同集聚的增进效应大小及主要影响机制；最后进一步分析该效应与单一集聚的异同，以及区域与行业的异质性。本节的主要贡献点在于搭起了产业协同集聚与城市专利质量二者之间的联系通道，将更准确地反映集聚的创新促进作用，通过中介效应系统分析生产性服务业与制造业协同集聚度对城市专利质量的影响机制。

3.5.2　理论分析与假设提出

制造业与生产性服务业协同集聚如何影响地区创新？对于这一个问题，本节汇总前人研究中关于单一产业集聚及协同集聚的相关机制，结合产业协同集聚作为产业的协同并进、多元融合的高级阶段这一特殊属性（Sheramur and Doloreux，2015），提出制造业与生产性服务业协同集聚对城市专利质量的影响机理（图3-4）。其中，制造业与生产性服务业协同集聚通过知识外部性溢出、分工深化和创新成果转化加速这三条主要的中介渠道，作用于城市专利质量提升，从而产生"1+1>2"的效果。

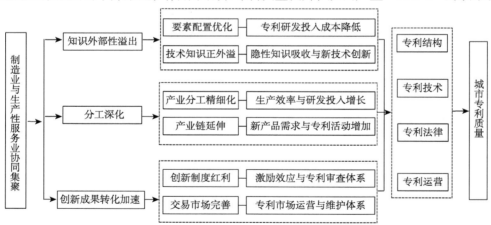

图3-4　制造业与生产性服务业协同集聚对城市专利质量的影响

1. 制造业与生产性服务业协同集聚对城市专利质量的影响

在区域创新过程中，制造业作为专利新知识和新技术的实施者，生产性服务业作为专利技术的开发和推广者，二者互为依托，更为重要的是，二者在空间上的协同集聚能够促进专利创新活动在更大程度上提升专利质量。首先，制造业与生产性服务业协同集聚带来的要素跨区域流动，尤其是劳动力要素能够产生知识和技能的溢出效应（白俊红和蒋伏心，2015），降低了知识技术传播成本和专利研发成本。伴随着产业集聚引致的产业链不断延伸及产业分工深化，以更低的成本从外部获取更多知识技术服务的需求愈发强烈，企业自主研发能力和产品更新换代动力增强，刺激了专利创新活动的产生，有利于专利成果转化为实质生产力。其次，二者协同集聚有利于实现创新主体间资源共享，激发众多主体专利创新潜能，二者协同集聚将促进企业、高校、科研机构、政府等专利创新活动主体深入合作，最大化整合现有资源，为专利创新活动提供基本支撑，同时促进各区域以较低的成本实现更广泛的合作并形成良好的专利创新风险分担和收益共享机制，为城市专利质量提升提供优质的环境保障。最后，二者协同集聚能够实现知识创新与技术创新协同，促进新知识尽快孵化成新技术，并加快技术创新成果应用或转化，减少新知识创新与应用过程中的效率损失（陈建军等，2016），从而促进城市专利高质量化发展。因此，提出以下假设。

H1：制造业与生产性服务业协同集聚能够有效提升城市专利质量。

2. 制造业与生产性服务业协同集聚对城市专利质量的内在作用机制

1）知识外溢性机制

知识溢出是区域产业集聚和创新活动增长的重要影响因素。知识溢出通过与空间集聚结合，各类显性及隐性知识更容易被获取，极大降低了专利创新的成本，更快地促进城市专利质量提升。一方面，制造业与生产性服务业协同集聚使得城市间创新资本、人才、技术、原材料等要素流动加快，共享创新资源，尤其以高素质劳动力的跨区流动所完成的人力资本积累（刘胜等，2019），为企业获得更多知识外部性从而降低创新成本和信息沟通成本提供了支撑。另一方面，产业与高校和科研机构等集聚在一起，对知识转化为生产力的需求更大，将产生更加频繁的知识流动和更多的专利创新成果。近年来由于互联网、虚拟社区等网络社交软件的广泛应用，增进了资源或隐性知识交换所需的"面对面"交流，进一步促进了隐性知识的溢出和扩散及新的思想产生（丁焕峰，2006；张可，2019a），从而加速知识和技术的吸收、扩散和转化，为专利质量提升提供了动力。因此，提出以下假设。

H2：知识外部性溢出在制造业和生产性服务业协同集聚促进城市专利质量提升过程中起到显著中介作用。

2）分工深化机制

制造业与生产性服务业协同集聚导致专业化分工进一步深化，并不断形成新的中间部门提供新的产品或服务。一方面，产业协同集聚产生的规模经济，提升了制造业与生产性服务业的专业化程度，使得产业分工进一步细化，为在激烈的市场竞争中降低生产成本，开展服务外包等使得企业生产效率提升，优质资源逐渐向科技研发环节倾斜，进而专利研发投入增长；另一方面，专业化分工带来的市场利润倒逼企业进一步激发自主研发和产品创新升级，空间协同布局也改善专利创新活动环境，促进创新型产品开发（Macpherson，1997）。另外，制造业与生产性服务业协同集聚通过相互融合，加速培育了互联网+、电子商务、虚拟零售等新产品新业态的出现，为加快专利成果转化、创新专利技术提供了现实动力（戴一鑫等，2019）。简而言之，制造业与生产性服务业协同集聚有利于加速城市产业链分工深化，促进新产品新业态新部门的产生，进一步增加专利研发投入、优化专利成果结构进而整体提高城市专利质量水平。因此，提出以下假设。

H3：分工深化在制造业和生产性服务业协同集聚促进城市专利质量提升过程中发挥显著中介作用。

3）创新成果转化加速机制

专利质量提升是一个系统的工程，涉及结构、技术、法律、市场运营等多方面内容，专利成果转化为生产力作为其重要一环，是制约区域创新有效支撑经济增长的主因（庞瑞芝等，2014），建立健全有利于提升促进成果转化和交易转让的制度是促进创新成果转化的基础。制造业与生产性服务业协同集聚为获得更大的经济效益，将不断提升创新能力，尤其生产性服务业多为知识密集型产业，具有强大的产业关联性，能将高校、科研机构等众多知识创新主体嵌入制造业创新网络中，不断提高知识在各参与主体间的生产、扩散、吸收与转化速度和效率（王晓亚，2017），不断完善创新政策体系和交易市场，进而加速专利创新成果转化。而且这一加速转化的过程为城市专利质量提升提供了条件，一方面各类创新制度和专利研发政策形成了制度红利，有利于激发专利创新主体意识，激励新产品创新和专利创新行为的产生，同时健全的专利发明、申请、应用等方面的权威文件有利于形成系统审查体系，为提升专利法律质量提供依靠。另一方面，二者协同集聚发展加速了交通通信信息网络体系的形成，交易市场的秩序和规则进一步规范，有利于加速专利成果推广应用，健全专利维护体系，全面提升专利市场运营质量。因此，提出以下假设。

H4：创新成果转化加速在制造业和生产性服务业协同集聚促进城市专利质量提升的过程中起到显著中介作用。

3.5.3　研究设计

1. 计量模型

1）H1 的验证

为检验 H1，本章综合使用混合截面 OLS、个体（地区或时间）和地区与时间双向固定效应面板回归三种方式，分析制造业与生产性服务业协同集聚对城市专利质量的影响，并进行相应的稳健性检验确保结果可信。对于具体双向固定效应面板模型设定如下：

$$\text{Pindex}_{it} = \beta_0 + \beta_1 \text{MPScoagg}_{it} + \beta X_{it} + \mu_i + \gamma_t + \varepsilon_{it} \qquad (3\text{-}7)$$

其中，下标 i 和 t 分别是第 i 个地区和第 t 年；Pindex_{it} 是被解释变量城市专利质量；MPScoagg_{it} 是核心解释变量制造业与生产性服务业协同集聚水平；X_{it} 是控制变量组；μ_i 是个体固定效应；γ_t 是时间固定效应；ε_{it} 是误差项；β_0、β_1、β 是相碰变量系数。由式（3-7）可知，核心估计参数 β_1 度量了产业协同集聚度对城市专利质量的影响。若 H1 成立，制造业与生产性服务业协同集聚确实提升了城市专利质量水平，则 β_1 的系数应该显著为正。

2）H2~H4 的验证

H2~H4 提出了制造业与生产性服务业协同集聚促进城市专利质量提升的主要机制，本节采用中介检验模型对此进行论证。参考中介效应检验基本思路，基于双向固定效应面板模型，建立如下中介效应机制模型。

$$\text{Pindex}_{it} = \beta_0 + \beta_1 \text{MPScoagg}_{it} + \beta X_{it} + \mu_i + \gamma_t + \varepsilon_{it} \qquad (3\text{-}8)$$

$$\text{Medium}_{it} = \partial_0 + \partial_1 \text{MPScoagg}_{it} + \partial X_{it} + \mu_i + \gamma_t + \varepsilon_{it} \qquad (3\text{-}9)$$

$$\text{Pindex}_{it} = \theta_0 + \theta_1 \text{MPScoagg}_{it} + \theta_2 \text{Medium}_{it} + \theta X_{it} + \mu_i + \gamma_t + \varepsilon_{it} \qquad (3\text{-}10)$$

其中，∂、θ 是相关变量系数；Medium 是中介变量，分别用新产品产值、知识存量和技术市场成交额反映分工深化、知识外部性溢出及创新成果转化加速这三条主要机制，从而检验 H2~H4。对于所选定的中介变量，依次进行如下检验，首先对总效应模型的系数进行检验，判断解释变量是否对被解释变量有影响，此部分估计与式（3-8）相同；其次，中介检验模型式（3-9）中当 ∂_1 系数符合预期且显著时，可认为存在中介效应；最后在此条件下，直接效应模型式（3-10）中当 θ_2 显著且 θ_1 不显著时，表明存在完全中介效应；与 θ_1、与 θ_2 两者均显著时表示部分中介效应。

2. 变量选择

1）被解释变量

被解释变量为城市专利质量水平 Pindex。借鉴有关专利质量相关文献，城市专利质量水平是指专利对城市竞争力形成的重要程度（万八丽，2013）。利用第 2 章构建的城市专利质量评价体系，通过逐一搜索专利数据并匹配到 12 个年份 279 个地级城市层面，并经过计算得到。该指标体系即基于专利的构成要素，范围涉及专利从发明、申请、审查、运营的全生命周期过程，将更好地反映地区的创新能力情况。与此同时可以看出，制造业与生产性服务业的协同集聚水平，也必将影响专利的结构、法律、技术与运营质量，从而与城市专利质量本身具有非常密切的联系。在进行具体的城市专利质量测算时，考虑到专利从申请到授权再到运营其有较大的时间跨度，存在时滞性，因此将专利的技术外溢及市场运营时滞设定为 5 年，使得不同年份的不同城市专利质量具有可比性。因此，为满足数据评估要求，在时间选择上收集到 2002~2018 年城市专利相关数据，评价时间范畴为 2002 年至 2013 年的当年质量。在搜集到数据后，采用动态因子分析法测度各城市分年度专利质量指数，代表城市专利质量水平。

2）核心解释变量

核心解释变量为制造业与生产性服务业协同集聚度 MPScoagg。对于产业协同集聚的测度方式，采用学界普遍认同的衡量方法，构建衡量产业空间协同集聚的指数，如式（3-11）和式（3-12）所示：

$$\text{Magg}_{it} = \frac{\text{LM}_{it}}{L_{it}} \bigg/ \frac{\text{LM}_t}{L_t} \qquad \text{PSagg}_{it} = \frac{\text{LPS}_{it}}{L_{it}} \bigg/ \frac{\text{LPS}_t}{L_t} \qquad （3\text{-}11）$$

$$\text{MPScoagg}_{it} = \left(1 - \frac{\left|\text{Magg}_{it} - \text{PSagg}_{it}\right|}{\text{Magg}_{it} + \text{PSagg}_{it}}\right) + \left|\text{Magg}_{it} + \text{PSagg}_{it}\right| \qquad （3\text{-}12）$$

其中，Magg_{it}、PSagg_{it} 分别是 i 城市第 t 年制造业、生产性服务业的单一产业集聚指数采用从业人数全国的区位熵衡量；LM_{it}、LPS_{it} 分别是 i 城市第 t 年制造业、生产性服务业的从业人数；LM_t、LPS_t 分别是全国第 t 年制造业、生产性服务业的从业人数；L_{it} 是 i 城市第 t 年的总就业人数；L_t 是全国第 t 年的总就业人数。

计算单一产业集聚指数 Magg_{it}、PSagg_{it} 后，可通过式（3-12）计算 i 城市第 t 年的制造业与生产性服务业协同集聚指数 MPScoagg_{it}。一般而言，若制造业与生产性服务业在城市空间协同集聚特征越突出，则 MPScoagg_{it} 值会越大。

此外，对生产性服务业的界定借鉴《生产性服务业统计分类（2019）》的新标准分类，收集了各城市各年度交通运输、仓储和邮电业，信息传输、计算机服务和软件业，批发零售贸易业，金融业，租赁和商务服务业，科研综合技术服务业及水利环境和公共设施管理业的细分行业从业人员数，加总得到生产性服务业从业人员数。

3）中介变量[①]

为检验知识外溢性机制，本节选择地级市层面的知识存量变量 Knowledge 代表知识外部性溢出水平，通过中介效应模型检验机制是否成立。对于 Knowledge 变量，收集高等学校在校学生数、公共图书馆总藏量、国际互联网用户数量这三类子变量代表各类知识的相关数据，取对数后采用主成分分析法提取主成分。由于三类子变量构成的占比已到 83%，故提取第一主成分作为中介变量，然后再进行中介效应检验。

---

① 中介变量的选择由于数据获取问题存在一定的局限性，Product 与 Knowledge 变量使用的是省级变量。虽有不足，佃所选数据能够为有效反映文中提出的主要机制，省级单位也不会影响机制检验正确性。

　　为检验分工深化机制，选择新产品产值作为代理变量。一般而言，分工深化的一个重要标志就是新产品产值的增长，但由于该变量城市层面数据缺失较大，本书基于省级层面的数据，将各城市创新投入除以对应省份创新投入作为比例，乘以对应省份的新产品产值得到相应城市的新产品产值，再进行实际值调整并取对数，形成城市的新产品产值 Product 代表分工深化水平。随后，基于城市级数据进行中介效应检验。

　　为检验创新成果转化加速机制，选择技术市场成交额作为代理变量。然而，由于该变量城市层面也仅存在省级层面的数据，因此本节选择同样方式进行验证：将城市创新投入除以对应省份创新投入作为比例，乘以对应省份的技术市场成交额，再进行实际值调整并取对数，得到城市的技术市场成交额 Market，随后进行市级层面的中介效应检验。

　　4）控制变量

　　为避免遗漏变量带来的估计误差，借鉴已有研究，选择的控制变量包括：①采用实际人均GDP 的对数 Pergdp 作为核心解释变量来衡量地区经济增长。②人口密度 Density。人口密度体现人口集聚水平，影响地区创新活动的密集程度和创新规模的增长速度，采用每平方公里人口数的对数来衡量。③投资率 Investment。投资是经济发展的内在引擎，采用固定资产投资占 GDP 的比重来衡量。④对外开放水平 Open。考虑到部分地区进出口总额数据缺失较多，故采用外商直接投资占 GDP 比重来衡量。其中，外商直接投资使用当年实际使用外资金额并根据当年中间汇率平均值折算成人民币来衡量。⑤创新投入 Innovation。创新投入是创新生产的基础，考虑到专利的技术资本密集型属性，采用实际财政科技支出的对数来衡量（表 3-11）。

表3-11　主要变量描述与计算方法

变量类别	变量名称	计算方法
被解释变量	城市专利质量水平（Pindex）	动态因子分析法测度
核心解释变量	制造业与生产性服务业协同集聚度（MPScoagg）	指数测度
控制变量	经济发展（Pergdp）	实际人均 GDP 的对数
	人口密度（Density）	每平方公里人口数的对数
	投资率（Investment）	固定资产投资占 GDP 的比重
	对外开放水平（Open）	外商直接投资占 GDP 比重
	创新投入（Innovation）	实际财政科技支出的对数
中介变量	知识存量（Knowledge）	主成分分析法测度
	新产品产值（Product）	归并到市级层面实际新产品产值的对数
	技术市场成交额（Market）	归并到市级层面实际技术市场成交额的对数

3. 数据来源

在搜集衡量城市专利质量水平的 12 个指标时，所用数据均来自 incoPat 专利商用数据库，该数据库集合了专利文献、法律信息、运营动态等内容。其余核心解释变量、控制变量及中介变量所用数据来自《中国统计年鉴》《中国城市统计年鉴》、各省统计年鉴及 EPS 数据库，部分缺失数据从相应地区对应年份的《城市统计年鉴》中加以补充。在截面选择上，样本选择为中国地级及以上城市地区，并将部分区划新增、调整或数据缺失地级市予以剔除①，统计范畴涵盖中国 279 个地级及以上城市。此外，在中介效应检验中，共获取 30 个省（自治区、直辖市）截面数据②。在时间选择上，选择的是年度数据。同时，由于 2002 年前相关数据缺失较为严重，城市专利质量此时也处于低水平阶段，因此将样本区间确定为 2002~2013 年。表 3-12 为各个变量的描述性统计结果。

表3-12　变量描述性统计

变量	样本量	均值	标准差	最小值	最大值
Pindex	3288	0.0344	0.5907	−2.1977	2.1750
MPScoagg	3348	2.4623	0.5254	0.7664	3.9416
Pergdp	3284	9.7921	0.8752	7.4087	13.0284
Density	3348	5.7160	0.9043	1.5176	7.9036
Investment	3275	0.5020	0.2394	0.1536	2.1691
Open	3246	0.2297	0.0270	0.0006	0.4198
Innovation	3348	8.7172	1.9585	1.3943	14.7363
Knowledge	3275	6.5747	1.9884	0.6452	18.1394
Product	360	15.6041	1.6953	10.4585	19.0737
Market	360	12.4414	1.6680	7.5036	17.1403

3.5.4　实证分析

1. 基准回归

为检验 H1，综合使用混合截面 OLS、个体与双向固定效应的面板回归三种方式，分析制造业与生产性服务业协同集聚对城市专利质量的影响，结果报告如表 3-13 所示。

---

① 由于区划调整或新增予以剔除的地级市主要包括巢湖市、毕节市、铜仁市、三沙市、海东市与儋州市。同时，在数据收集中，拉萨市、陇南市与中卫市数据缺失较为严重，也予以剔除。

② 香港、澳门、台湾、西藏数据缺失严重，予以剔除，共计 30 个省级行政单位截面。

表3-13　制造业与生产性服务业协同集聚对城市专利质量影响的回归结果

被解释变量	Pindex					
解释变量	（1）OLS	（2）OLS	（3）FE	（4）FE	（5）FE	（6）FE
MPScoagg	0.5069***	0.3881***	0.1012*	0.1383**	0.1159**	0.1476**
	（28.63）	（17.70）	（1.82）	（2.41）	（2.01）	（2.50）
Pergdp		0.1025***		0.0161		0.0156
		（7.10）		（0.62）		（0.17）
Density		0.0924***		0.0258		0.0205
		（7.73）		（0.49）		（0.40）
Investment		0.0411		0.1193**		0.2424***
		（1.05）		（2.98）		（3.09）
Open		0.3234		0.3427		0.2137
		（0.79）		（0.61）		（0.696）
Innovation		0.0005		−0.0109		0.0003
		（0.08）		（−1.56）		（0.01）
_cons	−1.2223***	−2.5006***	−0.2162	−0.5830	−0.2583*	−0.6747
	（−26.32）	（−19.50）	（−1.57）	（−1.47）	（−1.68）	（−0.75）
地区效应	不控制	不控制	控制	控制	控制	控制
时间效应	不控制	不控制	不控制	不控制	控制	控制
N	3285	3171	3285	3171	3285	3171
R^2	0.1972	0.2462	0.0015	0.0062	0.0045	0.0110

注：①括号中的为 t 值；②所有回归均采用以地区为聚类变量的聚类稳健标准误
*、**、***分别表示在10%、5%、1%水平上显著

在表 3-13 中，列（1）、列（2）为混合截面 OLS 估计，列（3）、列（4）为单一地区固定效应估计，列（5）、列（6）为时间与地区双向固定效应估计，其中列（1）、列（3）、列（5）中仅考虑制造业与生产性服务业协同集聚对城市专利质量的影响，列（2）、列（4）、列（6）中加入了控制变量。结果显示，无论采用何种方法估计，本章关注的核心解释变量 MPScoagg 的回归系数在 5%水平下均为正且显著，这表明制造业与生产性服务业协同集聚水平的提高有助于提升城市专利质量水平。此外，反映相关影响因素正向驱动作用的控制变量估计结果也符合我国经济发展实际。由于混合截面 OLS、单一个体固定效应并未能完全控制地区及时间影响，对系数估计存在误差，双向固定效应模型估计得到的分析结果较为合理。由此，H1 得以基本验证。

2. 机制检验

实证结果表明，制造业与生产性服务业协同集聚对城市专利质量具有正向促进作用，那么影响的主要渠道有哪些？H2~H4 所提出的影响机制是否成立呢？依据中介效应模型，表 3-14~表 3-16 分别报告了制造业与生产性服务业协同集聚影

响城市专利质量的机制检验结果。其中，表 3-14 为知识外部性溢出 Knowledge 的机制检验，表 3-15 为分工深化 Product 的机制检验，表 3-16 为创新成果转化加速 Market 的机制检验。

表3-14　知识外部性溢出机制检验回归结果

中介变量	Knowledge		
解释变量	（1）Pindex	（2）Knowledge	（3）Pindex
MPScoagg	0.1476*** （2.50）	0.5911** （2.45）	0.1409** （2.36）
Knowledge			0.0063^ （1.62）
控制变量	控制	控制	控制
时间效应	控制	控制	控制
地区效应	控制	控制	控制
_cons	−0.6747 （−0.75）	18.3758*** （0.03）	−0.5282 （−0.58）
N	3171	3144	3080
R^2	0.0110	0.0869	0.0124

注：①括号中的为 t 值；②所有回归均采用以地区为聚类变量的聚类稳健标准误；③篇幅所限，未列出控制变量结果

^、**、***分别表示在 15%、5%、1%水平上显著

表3-15　分工深化机制检验回归结果

中介变量	Product		
解释变量	（1）Pindex	（2）Product	（3）Pindex
MPScoagg	0.0247* （1.78）	0.0511* （1.88）	0.0214* （1.85）
Product			0.0070** （2.70）
控制变量	控制	控制	控制
时间效应	控制	控制	控制
地区效应	控制	控制	控制
_cons	2.2335* （1.91）	8.2448** （2.32）	2.1756* （1.86）
N	360	360	360
R^2	0.1102	0.8447	0.1203

注：①括号中的为 t 值；②所有回归均采用以地区为聚类变量的聚类稳健标准误；③篇幅所限，未列出控制变量结果

*、**分别表示在 10%、5%水平上显著

表3-16　创新成果转化加速机制检验回归结果

中介变量	Market		
解释变量	（1）Pindex	（2）Market	（3）Pindex
MPScoagg	0.0247* （1.78）	−0.5528 （−1.23）	0.0199 （1.47）
Market			−0.0087 （−0.36）
控制变量	控制	控制	控制
时间效应	控制	控制	控制
地区效应	控制	控制	控制
_cons	2.2335* （1.91）	7.3881 （1.37）	2.2976* （1.92）
N	360	360	360
R^2	0.1102	0.5977	0.1107

注：①括号中的为 t 值；②所有回归均采用以地区为聚类变量的聚类稳健标准误；③篇幅所限，未列出控制变量结果

*表示在10%水平上显著

首先，表 3-14~表 3-16 中总效应模型的回归方程结果表明，无论采用省级或市级层面数据，整体上制造业与生产性服务业协同集聚对城市专利质量的影响均为正，且在 10%的水平上显著，说明二者协同集聚能够正向驱动提升城市专利质量。其次，表 3-14 与表 3-15 中介检验模型显示，MPScoagg 在 Knowledge 与 Product 方程中的估计系数均为正且在 10%的水平下显著，表明二者协同集聚对知识外部性溢出及分工深化产生了显著促进作用。然而，在表 3-16 中介检验模型显示，MPScoagg 在 Market 方程中的估计系数的系数并不显著，表明对创新成果转化影响不明显。最后，表 3-14 与表 3-15 直接效应模型加入了对应中介变量，估计结果显示，Knowledge 与 Product 中介变量的估计系数为正且在 10%统计水平下显著，这表明制造业与生产性服务业协同集聚通过知识外部溢出及分工深化促进城市专利质量的途径存在。然而，表 3-16 直接检验模型结果却表明，创新成果转化加速所产生的中介效应并不显著。因此，机制检验表明知识外部性溢出、分工深化在二者协同集聚提升城市专利质量的过程中存在部分中介作用，而创新成果转化加速的中介效应则不太理想，即 H2 与 H3 通过了实证检验，H4 并未通过检验。

从检验结果来看，相关变量的中介效应存在结构性差异，这正是中国现实的反映。当前，随着制造业与生产性服务业协同集聚度的增加，拓宽了知识、技术获取途径，促进了知识外部效应的溢出，地区能结合相关技术知识弥补当前自身研发能力的不足，提升城市专利质量水平。与此同时，二者的协同集聚有利于中间产品及新产品部门的产生，在提高产品附加值、培养自主研发能力的驱动下，地区专利创新活动明显增加，专利质量水平也随之提高。然而，目前我国市场机制尚不够完善，

专利转化市场仍处于初步发展阶段，专利市场的交易、运营、成果转化及风险分担方面仍存在不足，产业协同集聚带动专利成果转化加速从而提升城市专利质量水平的途径仍不清晰。未来应通过研发创新激励，完善创新成果转化市场等配套改革措施，优化企业创新环境、形成良好的创新氛围，着力提升专利运营质量水平。

3. 稳健性检验

为保证结果稳健，本章进行了多种稳健性检验。首先，考虑到双向因果及遗漏变量等内生性问题对回归结果的影响，进行了内生性检验，并使用分别采用MPScoagg滞后一期与滞后两期作为工具变量对式（3-7）回归。其次，动态面板模型在处理内生性上具有优势，同时考虑到了存在的滞后效应，构建加入被解释变量 Pindex 滞后一期的动态回归模型如式（3-13）所示，并分别采用差分 GMM 和系统 GMM 估计。

$$\text{Pindex}_{it} = \beta_0 + \beta_1 \text{MPScoagg}_{it} + \beta_2 \text{Pindex}_{i,t-1} + \beta X_{it} + \mu_i + \gamma_t + \varepsilon_{it} \qquad （3-13）$$

此外，为反映产业协同集聚对城市专利质量的影响，本章将核心解释变量扩大产业范围，更改为第二产业、第三产业协同集聚指数 SECTHIcoagg，以验证产业间协同集聚是否能提升城市专利质量水平。最后，城市专利质量本质上是衡量城市创新能力水平的重要依据。除专利质量指数外，本章依据《中国城市和产业创新力报告 2017》（寇宗来和刘学悦，2017），选择同样衡量城市创新能力的城市创新指数 Iindex 作为被解释变量进行回归，可以反映在使用不同的衡量城市创新能力指数的情况下，产业协同集聚确实具有正向提升作用，主要结果如表 3-17 所示。

表3-17　稳健性检验结果

被解释变量	Pindex					Iindex
核心解释变量	（1）IV — L1.	（2）IV — L2.	（3）Diff — GMM	（4）Sys — GMM	（5）二三产业协同集聚	（6）城市创新指数
MPScoagg	0.3423** （2.04）	0.1476** （2.87）	0.1446** （3.48）	0.1564*** （2.25）		4.1611** （2.30）
SECTHIcoagg					0.2217** （1.97）	
Hausman 检验	8.04 （0.9656）					
D – M 检验		1.1086 （0.2925）				
AR（1）			0.0000	0.0000		
AR（2）			0.1613	0.1155		
AR（3）			0.7304	0.7214		
控制变量	控制	控制	控制	控制	控制	控制
时间效应	控制	控制	不控制	不控制	控制	控制
地区效应	控制	控制	控制	控制	控制	控制

续表

被解释变量	Pindex					Iindex
核心解释变量	（1） IV—L1.	（2） IV—L2.	（3） Diff—GMM	（4） Sys—GMM	（5）二三产业协同集聚	（6）城市创新指数
_cons	−2.9141*** （−3.14）	−0.6747 （−0.96）	−1.5602* （−1.94）	−1.2210** （−2.62）	−0.7503 （−0.79）	80.1874* （1.89）
N	2907	2647	2615	2910	3171	3232
R^2	0.0079	0.0110			0.0107	0.0983

注：①方程（1）、（2）、（5）中括号中的为 t 值，方程（3）、（4）中括号中的为 z 值；②方程（5）与方程（6）回归采用以地区为聚类变量的聚类稳健性标误；③篇幅所限，未列出控制变量结果

*、**、***分别表示在 10%、5%、1%水平上显著

在表 3-17 中，根据列（1）、列（2）内生性检验可得出以下结论。

（1）MPScoagg 不存在明显内生性，同时 IV 回归结具显示核心解释变量依旧在 5%水平上显著为正，表明在处理内生性后，制造业与生产性服务业协同集聚仍对城市专利质量水平存在正向提升作用。列（3）、列（4）中 AR（1）通过了检验而 AR（2）、AR（3）没有通过检验，这表明残差与解释变量不存在二阶及以上自相关，可以使用动态 GMM 的方法。

（2）差分 GMM 及动态 GMM 结果依旧支持了本章的基本结论。将核心解释变量更改为第二产业、第三产业协同集聚指数 SECTHIcoagg 后，列（5）显示在更大范围层面的产业协同集聚同样显著提升了城市专利质量水平，同时也说明制造业与生产性服务业协同集聚也同样具有促进影响。列（6）中使用城市创新指数 Iindex 作为被解释变量回归，核心解释变量系数仍显著为正，说明制造业与生产性服务业协同集聚有利于城市专利质量提升的基本结论并不会因更改替代变量而发生根本性变化。综上分析可知，H1 所验证的基本结论具有稳健性，即制造业与生产性服务业协同集聚能够提升城市专利质量。

3.5.5 异质性拓展分析

1. 单一产业集聚对城市专利质量的影响

采用式（3-10）分别测度制造业、生产性服务业单一集聚度 Magg 、 PSagg ，采用双向固定效应估计单一产业集聚对城市专利质量的影响，并与协同集聚所产生的效应进行对比，剖析协同集聚所带来独特的专利质量提升作用，回归结果如表 3-18 所示。结果显示，制造业集聚水平的提高对城市专利质量水平的提升作用明显，这表明城市专利质量水平的提升需要制造实体生产过程的专业化集聚作为基础。与此同时，生产性服务业的单一集聚并未对城市专利质量水平产生显著影

响，这可能表明生产性服务业明、培育、产生价值本身关联度仍不紧密有关。因此，生产性服务业需要为制造业生产过程中的专利需求创造良好环境与条件，协同集聚才能整体提升城市专利质量水平。此外，制造业单一集聚产生的作用效果大于协同集聚效果，这表明目前中国整体上制造业与生产性服务业协同集聚仍存在发展不充分的问题，"相互挤出"的竞争态势仍是两者目前集聚的主要状态，其协同集聚所产生的"1+1>2"的效果还有待提高。

表3-18　单一产业集聚对城市专利质量影响的回归结果

被解释变量	Pindex	
核心解释变量	（1）制造业集聚	（2）生产性服务业集聚
Magg	0.2258** （2.81）	
PSagg		−0.0580 （−0.61）
控制变量	控制	控制
时间效应	控制	控制
地区效应	控制	控制
_cons	−0.5842 （−0.66）	−0.3258 （−0.37）
N	3171	3171
R^2	0.0132	0.0084

注：①括号中的为 t 值；②所有回归均采用以地区为聚类变量的聚类稳健标准误；③篇幅所限，未列出控制变量结果

**表示在5%水平上显著

2. 地区异质性对城市专利质量的影响

不同地区所呈现出的城市专利质量水平差异，为探究协同集聚的异质性作用提供了基本参照。为揭示作用效果的地区异质性，本章按照区域划分标准①及最新层级城市划分标准②，将全国所有地级市划分为东部、中部、西部城市的区域城市类型，以及大、中小城市的层级城市类型，并对式（3-1）依次估计，分析不同区域位置、不同城市层级下的城市专利质量水平提升效应的大小差异，回归结果如表3-19所示。

---

① 分类原则为：东部地区城市主要包括以北京、天津、河北、辽宁、吉林、黑龙江、山东、江苏、上海、浙江、福建、广东、海南在内的地级市，中部地区城市主要包括以内蒙古、山西、河南、安徽、湖北、江西、湖南在内的地级市，西部地区城市主要包括以四川、云南、贵州、重庆、陕西、甘肃、青海、新疆、宁夏、广西在内的地级市（西藏数据缺失）。

② 参照《国务院关于调整城市规划划分标准的通知》，依据城区常住人口划分大、中、小城市类型。为便于研究，本书将大城市、特大城市与超大城市归为大城市类型；把中、小城市归为中小城市。

表3-19　地区异质性回归结果

被解释变量	Pindex				
核心解释变量	（1）东部	（2）中部	（3）西部	（4）大城市	（5）中小城市
MPScoagg－E	0.1772** （2.30）				
MPScoagg－M		0.1280* （1.67）			
MPScoagg－W			0.1620 （0.97）		
MPScoagg－B				0.1399* （1.81）	
MPScoagg－MS					0.1139* （1.66）
控制变量	控制	控制	控制	控制	控制
时间效应	控制	控制	控制	控制	控制
地区效应	控制	控制	控制	控制	控制
_cons	0.0427 （0.03）	−3.4816 （−1.43）	2.6158 （0.88）	1.3452 （0.71）	−0.7170 （−0.71）
N	1446	931	794	809	2362
R^2	0.0198	0.0233	0.0238	0.1583	0.0092

注：①括号中的为 t 值；②所有回归均采用以地区为聚类变量的聚类稳健标准误；③篇幅所限，未列出控制变量结果

*表示在10%水平上显著

　　区域异质性回归显示，东部地区制造业与生产性服务业协同集聚度（MPScoagg－E）对专利质量提升作用效果显著，且高于整体水平；中部地区（MPScoagg－M）次之，低于全国水平；而西部地区（MPScoagg－W）不显著。层级异质性回归显示，相比于中小城市（MPScoagg－MS），大城市制造业与生产性服务业协同集聚度（MPScoagg－B）促进专利质量水平更加凸显。综合回归结果看，制造业与生产性服务业协同集聚度对城市专利质量的提升存在着地区差距，空间不平衡问题也影响了地区整体专利质量水平的提升。差距的出现除了和东部与大城市拥有更好的产业协同集聚基础外，与地区的市场环境也紧密相关。分税制改革后，区域经济竞争特征更加明显，政府政策工具对产业集聚的布局与演进的作用更加明显，引导要素汇集本地区并促进产业集聚。然而在快速集聚产业规模时，企业却存在入驻门槛和标准不高、创新内生驱动力不强，不能与本地禀赋和比较优势高度耦合协同等诸多问题。在此情况下，中西部、中小城市"有形的手"的干预所生成的产业协同集聚并非完全内生于市场，进而不利于创新促进作用的充分发挥。相反，东部与大城市地区良好的市场环境，能够较好地约束政府权力，产业协同集聚的促进作用就会得以提升。因此，减少作用效应的空间

不平衡，除了要着力提升中西部、中小城市产业协同集聚度以外，更应规范和约束地方政府行为，使市场在资源配置中起决定性作用。

　　3. 行业异质性对城市专利质量的影响

　　除了地区异质性外，制造业与生产性服务业中不同子行业的协同集聚度对城市专利质量水平的提升也存在差异。因此，本节按照上文对生产性服务业的行业划分标准，分别计算制造业与各子行业的协同集聚度，即制造业与交通运输、仓储和邮电业协同集聚度（MTRcoagg），制造业与信息传输、计算机服务和软件业协同集聚度（MTELcoagg），制造业与批发零售贸易业协同集聚度（MRETcoagg），制造业与金融业协同集聚度（MFINcoagg），制造业与租赁和商务服务业协同集聚度（MLENcoagg），制造业与科研综合技术服务业协同集聚度（MRDcoagg），制造业与水利环境和公共设施管理业协同集聚度（MMANcoagg），并逐个分析不同子行业协同集聚度对专利质量提升的差异。表3-20为行业异质性回归结果，其显示制造业与金融业、科研综合技术服务业、水利环境和公共设施管理业三个生产性服务业子行业的协同集聚度，将显著提升城市专利质量。显然，这三个子行业与专利发明、培育与运营密切相关，关系着专利质量的基础科研环境、科技竞争实力、市场运营转化水平等方面，是未来需要与制造业紧密协同合作的重点关注方向。

表3-20　行业异质性回归结果

被解释变量	Pindex						
核心解释变量	（1）	（2）	（3）	（4）	（5）	（6）	（7）
MTRcoagg	0.0382 （0.335）						
MTELcoagg		−0.0122 （−0.36）					
MRETcoagg			−0.0086 （−0.22）				
MFINcoagg				0.1296** （2.18）			
MLENcoagg					0.0353 （1.32）		
MRDcoagg						0.0974** （2.06）	
MMANcoagg							0.1334** （2.76）
控制变量	控制	控制	控制	控制	控制	控制	控制
时间效应	控制	控制	控制	控制	控制	控制	控制
地区效应	控制	控制	控制	控制	控制	控制	控制

被解释变量	Pindex						
核心解释变量	（1）	（2）	（3）	（4）	（5）	（6）	（7）
_cons	−0.4372 （−0.48）	−1.2870 （−1.25）	−0.3140 （−0.36）	−0.5687 （−0.62）	−1.3279 （−1.31）	−0.5312 （−0.58）	−1.3370 （−1.35）
N	3171	2910	3171	3171	2910	3171	2910
R^2	0.0086	0.0098	0.0082	0.0123	0.0105	0.0107	0.0158

注：①括号中的为 t 值；②所有回归均采用以地区为聚类变量的聚类稳健标准误；③篇幅所限，未列出控制变量结果

**表示在 5%水平上显著

3.5.6　结论与政策启示

相比于专利数量，城市专利质量是地区创新能力更为准确的衡量方式。产业协同集聚已成为知识经济时代的共识，并且是创新高质量发展的重要手段。本节测度了城市专利质量水平及制造业与生产性服务业协同集聚度，并实证检验了产业协同集聚对城市专利质量提升的作用大小、机制途径及异质性影响，得出如下结论。

（1）制造业与生产性服务业协同集聚能显著提升城市专利质量水平，产业协同集聚是提升地区创新能力的空间前提条件。

（2）主要影响机制的探讨表明，知识外部性溢出与分工深化是促使城市专利质量提升的主要中介渠道，二者协同集聚和良性互动最终将会促进知识流动溢出，新产品新部门新业态的产生，从而形成"双轮驱动"的提升效应。然而，由于我国专利交易市场的不成熟，创新成果转化加速的作用机制仍不明显。

（3）分产业、分地区、分行业探讨影响效应的异质性结果表明，东部及大城市的协同集聚对城市专利质量的促进作用更加明显，制造业与金融业、科研综合技术服务业、水利环境和公共设施管理业三个生产性服务业子行业的协同集聚更为显著。

因此，中国整体上制造业与生产性服务业协同集聚存在的发展不充分、不平衡的问题，是促进城市专利质量提升的主要障碍，在空间上加速产业的协同集聚更成为促进城市创新发展的关键一环。

基于上述分析提出如下政策建议。

（1）实施制造业与生产性服务业"双轮驱动"战略，释放城市创新经济效应。区域产业发展与创新规划具有战略目标的一致性，必须做好产业政策与城市空间开发的顶层规划，促进产业协同集聚的创新效应形成。充分利用制造业与生产性

服务业在空间上集聚加速要素的自由流动，提高专利投入和产出要素空间配置效率，搭建产业间协同技术创新平台，降低专利创新成本，以创新引领城市经济高质量发展和吸引各类要素的进一步集聚。

（2）优化产业布局，形成产业集聚区统筹发展新模式。发挥本地产业比较优势，疏通制造业和生产性服务业协同集聚堵点，促进产业间"双轮驱动"式融合，促进城市间产业链分工深化，避免恶性竞争和产业同构造成的创新资源浪费。实施产业差异化的错位发展策略，形成大中小城市错层、非均衡发展格局。同时，基于东部和大城市的产业协同集聚度更高的现实特征，可优先在东部地区、大城市加速制造业与生产性服务业协同集聚，并充分发挥专利知识和技术的扩散效应，辐射带动中西部地区的城市专利质量进一步提升。

（3）加强专利运用与技术转化，全面提升专利质量。以专利质量表征的创新是经济增长的核心驱动力，这就要求加快交通与通信等基础设施建设，加快培养高素质、多样化、创新型高端人才，完善城市软环境建设，为专利创新提供良好的区域环境。鼓励企业与大学、科研机构等虚拟创新体系的建立，大力发展以专利池和专利组合为对象的技术转移机构，不断完善专利服务体系与平台建设，激发企业专利创新的潜能。建立健全完善的专利成果转化和风险共担机制，加速专利成果转化为现实生产力。

3.6　本章小结

在第 2 章的城市专利质量指数测算结果基础上，本章对全国城市专利质量的时空演进特征进行了分析。在时序演进方面，研究发现中国城市专利质量呈现缓慢上升趋势，但仍有较大的可提升空间。第一，核密度函数随年份增长仅呈现略微右移，城市专利质量水平没有非常明显的增加，城市专利质量仍有很大的可提升空间。第二，总体上看，随着年份增长，城市专利质量水平的极大值先增大后减小，极小值先减小后增大，核密度函数图的峰值越来越高，我国地级及以上城市 2001~2013 年的城市专利质量水平总体上呈现单峰分布演进特征，不存在高专利质量城市较多与低专利质量水平城市较多并存的情况。上述均说明我国城市专利质量水平区域差距可能先增大后缩小，长期看可能呈现收敛增长的趋势。

空间演进方面中国城市专利质量具有独特空间依赖性与异质性。一方面空间集聚现象突出，高-高、低-低、高-低、低-高集聚类型并存；另一方面，总体上中国城市专利质量差异表现出先上升后下降趋势，呈现出条件收敛情形，区域上呈现东高西低的特征，除中部地区外其余地区均出现了俱乐部收敛情形。

采用中国地级市面板数据回归分析，并使用中介效应模型检验影响渠道分析制造业与生产性服务业协同集聚对城市专利质量的影响效应。结果表明制造业与生产性服务业协同集聚能提升城市专利质量水平，产业协同集聚是提升地区创新能力的空间前提条件；知识外部性溢出与分工深化是主要的中介渠道，创新成果转化加速的中介提升机制尚不明晰。从区域看，东部及大城市促进效应更强；从行业看，制造业与金融业、科研综合技术服务业、水利环境和公共设施管理业三个生产性服务业子行业的协同集聚带来的提升效果更加明显。本章测算结果为更全面认识集聚对创新作用，深入实施专利质量提升工程，推动经济高质量发展提供有益参考。

第4章 广东城市专利质量与广州特征

1989~2020 年，广东地区生产总值连续 32 年排全国第一名，作为改革开放先行地区，研究广东城市专利质量时空演进，对于广东提高城市创新能力，发挥创新引领示范作用，具有重要意义。本章将在前文对城市专利质量测量结果的基础上，提取广东城市专利质量测算结果，并进一步分析广东城市专利质量的时空特征，进一步探讨广州专利发展特征。

4.1 广东城市专利质量特征

由表 4-1 可知，第一，广东城市专利质量均值都为正数，且远远大于全国城市专利质量均值。第二，观察期间，广东城市专利质量均值呈现先增加后减少的趋势。以零为临界值，分析专利质量为负数的城市占比情况，发现专利质量为负数的城市比重由 2001 年的 33.33%下降至 2007 年的 9.52%再上升至 2013 年的 28.57%。以上均说明，观察期间，广东专利质量呈现先增加后减少的趋势。第三，广东城市专利质量最小值随年份增长呈现先减小后增大趋势，广东城市专利质量最大值随年份增长呈现先增大后减小趋势，预示广东城市间的专利质量的差距可能呈现先增大后减小趋势。

表4-1 广东城市专利质量数据统计性描述

年份	平均值	最小值	最大值	P25	P50	P75	全国专利质量均值
2001	0.220 325	−0.932 675	1.350 781	−0.283 847	0.345 529	0.673 907	$5.095\ 59 \times 10^{-11}$
2002	0.194 099	−1.304 950	1.256 351	−0.232 155	0.241 512	0.548 869	$4.674\ 84 \times 10^{-10}$
2003	0.119 775	−0.966 087	1.333 723	−0.460 437	0.270 980	0.542 036	$-1.194\ 88 \times 10^{-10}$

续表

年份	平均值	最小值	最大值	P25	P50	P75	全国专利质量均值
2004	0.229 564	−0.917 605	1.443 487	−0.317 282	0.193 750	0.720 802	$-5.524\,56\times10^{-11}$
2005	0.270 733	−1.203 563	1.877 701	−0.324 597	0.270 574	0.696 626	$8.214\,48\times10^{-10}$
2006	0.216 434	−1.051 849	1.200 697	−0.153 457	0.312 031	0.751 021	$2.237\,97\times10^{-10}$
2007	0.383 036	−1.239 692	1.163 796	0.251 601	0.332 332	0.715 582	$-3.612\,94\times10^{-10}$
2008	0.351 682	−0.652 692	1.113 632	0.095 210	0.300 962	0.610 124	$4.367\,86\times10^{-10}$
2009	0.305 133	−0.656 203	1.027 559	0.109 990	0.320 016	0.560 678	$-8.534\,47\times10^{-10}$
2010	0.217 681	−0.419 552	0.894 920	−0.112 928	0.171 411	0.527 401	$-2.878\,92\times10^{-10}$
2011	0.159 390	−0.564 690	0.954 970	−0.061 931	0.247 844	0.551 331	$-3.216\,17\times10^{-10}$
2012	0.197 849	−0.495 480	0.913 719	−0.018 006	0.178 301	0.551 490	$3.188\,73\times10^{-11}$
2013	0.215 248	−0.499 570	0.706 496	−0.106 388	0.260 557	0.482 962	$3.904\,93\times10^{-10}$

如图 4-1 所示，对比广东地级及以上城市（2001 年至 2013 年）城市专利质量均值排名与（2018 年）人均地区生产总值排名的情况。由于广东共计有 21 个地级及以上城市，本章以城市排名第十位为分界线，将城市进行分类。第一类城市为高专利质量且高人均地区生产总值的城市，包括深圳、珠海、广州、肇庆、佛山、东莞、惠州、中山，说明这些城市的城市专利质量可能对人均地区生产总值有较大的促进作用。第二类城市为低专利质量且低人均地区生产总值的城市，包括揭阳、潮州、湛江、汕尾、阳江、韶关、云浮、河源、清远，说明这些城市的人均地区生产总值较低，城市专利质量也较低。第三类城市为高专利质量且低人均地区生产总值的城市，仅包括汕头、梅州。第四类城市为低专利质量且高人均地区生产总值的城市，仅包括茂名、江门。

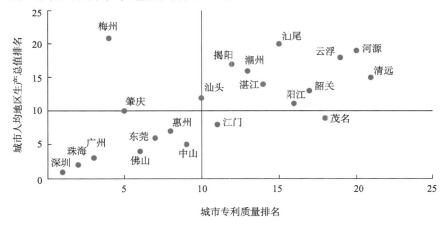

图 4-1　广东城市专利质量排名与人均地区生产总值排名对比

图 4-2 显示了广东地级及以上城市 2001~2013 年城市专利质量和专利数量均值排名的对比。以城市排名第十位为分界线，将城市进行分类。第一类城市为高专利质量且高专利数量的城市，包括深圳、珠海、广州、佛山、东莞、惠州、中山、汕头，这些城市的城市专利数量增长与城市专利质量增长较为平衡。第二类城市为低专利质量且低专利数量的城市，包括揭阳、潮州、汕尾、阳江、韶关、茂名、云浮、河源、清远，这些城市的城市专利质量增长可能受到城市专利数量增长过慢的影响。第三类城市为低专利质量且高专利数量的城市，包括湛江、江门，湛江和江门在发展专利数量的同时可能忽略了城市专利质量的增长。第四类为高专利质量但低专利数量的城市，包括肇庆和梅州。

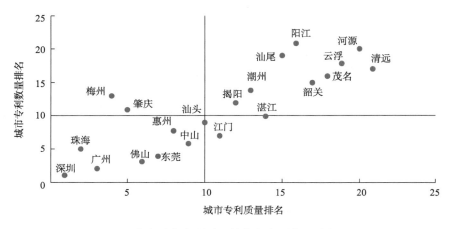

图 4-2　广东城市专利质量排名与专利数量排名对比

1. 广东城市专利质量的时序演进特征

在时序演进方面，使用非参数核函数估计方法，逐年对广东城市专利质量进行估计并绘制核密度图。结果如图 4-3 所示，随着年份增长，核密度函数图的峰值明显上升，核密度函数图的最小值呈现先减小后增大的趋势，核密度函数图的最大值呈现先增大后减小的趋势，表明广东城市间专利质量水平差距可能先增大后缩小。另外，与全国城市专利质量时序演进相似，广东城市专利质量也在观察期内呈现单峰演进特征。

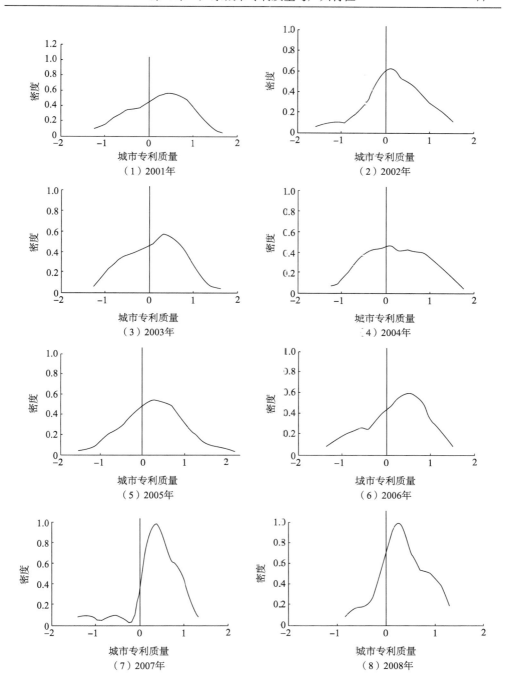

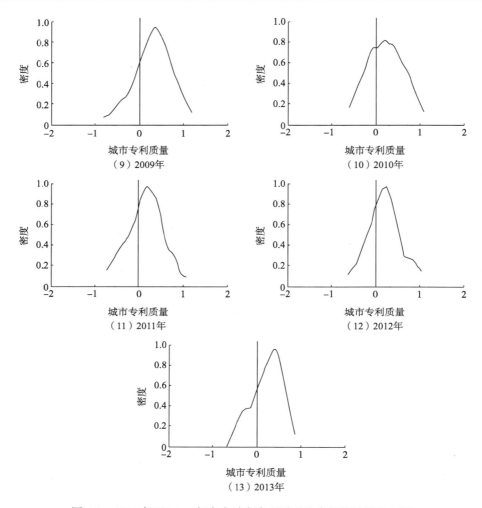

图 4-3 2001 年至 2013 年广东城市专利质量非参数估计核密度图

2001 年至 2013 年，广东城市专利质量的区域差距可能呈现先增大后减小的趋势。采用 Gini、TEI、HHI、CV 对区域差距进行更精确的测算，测算结果如表 4-2 所示。可以发现，四种系数均呈现先增加后减小趋势。进一步地，通过皮尔逊相关系数和斯皮尔曼秩相关系数矩阵测算四种指标的相关性，如表 4-3 所示，发现四种指标的相关系数均大于 0.9，说明四种系数的变动是一致的，由此表明广东城市专利质量差距呈现先增大后减小的趋势。

表4-2　广东城市专利质量差距测度

年份	Gini	TEI	CV	HHI
2001	0.227 17	0.089 77	0.410 27	0.055 25
2002	0.198 71	0.069 18	0.437 23	0.056 29
2003	0.235 57	0.093 75	0.425 33	0.055 83
2004	0.242 75	0.096 29	0.435 05	0.056 20
2005	0.242 47	0.107 76	0.447 45	0.056 70
2006	0.229 81	0.101 13	0.422 61	0.055 72
2007	0.152 24	0.064 58	0.311 04	0.052 01
2008	0.154 29	0.040 10	0.282 25	0.051 23
2009	0.143 13	0.034 90	0.261 27	0.050 71
2010	0.143 48	0.032 02	0.256 81	0.050 61
2011	0.147 09	0.035 49	0.267 66	0.050 87
2012	0.131 13	0.027 80	0.239 86	0.050 23
2013	0.128 73	0.027 78	0.234 52	0.050 11

表4-3　差距测度指标之间的皮尔逊相关系数和斯皮尔曼秩相关系数

项目	差距系数	Gini	TEI	CV	HHI
皮尔逊相关系数	Gini	1.0000	0.9701	0.9663	0.9660
	TEI	0.9701	1.0000	0.9538	0.9487
	CV	0.9663	0.9538	1.0000	0.9987
	HHI	0.9660	0.9487	0.9987	1.0000
斯皮尔曼秩相关系数	Gini	1.0000	0.9615	0.9231	0.9231
	TEI	0.9615	1.0000	0.9286	0.9286
	CV	0.9231	0.9286	1.0000	1.0000
	HHI	0.9231	0.9286	1.0000	1.0000

从城市结构探寻考察期间广东城市专利质量差距先增加后减小，发现可能存在两个方面的原因。一方面，2001 年至 2013 年，随着年份增长，高专利质量城市的专利质量先增加后减小；另一方面，2001 年至 2013 年，随着年份增长，低专利质量城市的专利质量先减少后增加。

2. 广东城市专利质量的空间演进特征

在空间演进方面，第 3 章验证了我国城市专利质量存在空间相关性，本节将进一步对广东城市专利质量的空间相关性进行验证。参照第 3 章，采用全局 Moran's I 对广东城市专利质量的空间相关性进行检验，结果如表 4-4 所示。大部分年份的全局 Moran's I 检验结果均不显著，仅有 2012 年在 10%的水平上是显著的。

表4-4　广东全局Moran's I检验结果

年份	Moran's I	EI	Sd（I）	z	p
2001	0.001	−0.050	0.068	0.746	0.456
2002	−0.047	−0.050	0.067	0.040	0.968
2003	−0.001	−0.050	0.068	0.719	0.472
2004	−0.083	−0.050	0.069	−0.482	0.630
2005	−0.062	−0.050	0.066	−0.179	0.858
2006	0.044	−0.050	0.068	1.380	0.167
2007	−0.104	−0.050	0.061	−0.894	0.371
2008	−0.002	−0.050	0.067	0.705	0.481
2009	−0.041	−0.050	0.067	0.134	0.893
2010	−0.088	−0.050	0.069	−0.556	0.578
2011	−0.008	−0.050	0.067	0.624	0.533
2012	0.071	−0.050	0.067	1.805	0.071*
2013	0.022	−0.050	0.068	1.055	0.292

*代表在10%的水平上显著

　　粤港澳大湾区由香港、澳门两个特别行政区和广东省广州、深圳、珠海、佛山、惠州、东莞、中山、江门、肇庆组成。其中，香港、澳门、广州、深圳四座城市被定位为中心城市。对比广州和深圳城市专利数量和城市专利质量，对发挥两座中心城市的各自优势及劣势互补，以及带动粤港澳大湾区的建设具有重要的作用。深圳自2003年以来城市发明授权专利数量赶超广州并快速增长，至2013年城市当年发明授权专利数量达到广州的3倍左右（表4-5），说明深圳的科技创新能力相对较强。在城市专利质量方面，深圳每年城市专利质量均明显高于广州，2003年深圳城市专利质量是广州的2倍，但在2013年，广州几近追平深圳（表4-6）。这说明如果深圳想建成具有世界影响力的创新创意之都，政府仍应重视以城市专利质量为导向制定专利激励政策。

表4-5　深圳与广州的城市发明专利数量对比

城市	2001年	2002年	2003年	2004年	2005年	2006年	2007年	2008年	2009年	2010年	2011年	2012年	2013年
深圳	91	98	423	982	917	1 281	2 065	5 108	8 613	9 165	11 555	13 242	11 618
广州	155	136	294	606	578	723	829	1 065	1 525	1 888	2 911	4 056	4 281

　　资料来源：incoPat专利商用数据库

表4-6　深圳与广州的城市专利质量对比

城市	2001 年	2002 年	2003 年	2004 年	2005 年	2006 年	2007 年
深圳	1.3508	1.2564	1.3337	1.4435	1.3212	1.2007	1.1638
广州	0.8013	1.0045	0.6827	0.7208	0.7789	0.7510	0.9371
城市	2008 年	2009 年	2010 年	2011 年	2012 年	2013 年	
深圳	1.1136	1.0276	0.8949	0.9550	0.9137	0.7065	
广州	0.8505	0.6788	0.5341	0.5969	0.6506	0.6956	

资料来源：incoPat 专利商用数据库

对比深圳、广州的城市专利质量结构，发现如下结果。

从技术质量上看，深圳稍劣势于广州，原因如下：广州每年授权发明专利发明人平均数指标均明显高于深圳；授权发明专利引证平均数指标方面，深圳自2005 年起赶超广州，但并未与其拉开明显差距；授权发明专利五年内被引平均数指标方面，广州自 2008 年起赶超深圳，并在往后年份保持略微优势。

从法律质量上看，深圳明显处于较大优势，原因如下：深圳每年的授权发明专利权利要求平均数、授权发明专利同族国家平均数均明显高于广州，仅在授权发明专利城市 IPC 平均数指标上具有较弱的劣势。

从运营质量上看，深圳稍劣势于广州，深圳每年的授权发明专利五年内维持有效占比均明显高于广州；但在授权发明专利五年内许可平均数指标上，广州占据长时间优势，深圳仅自 2011 年始超越广州；授权发明专利五年内转让平均数指标上，广州自 2008 年始超越深圳，并在往后年份保持较明显优势。

从宏观质量指标上看，深圳明显处于较大优势，原因如下：深圳每年的授权发明专利占比、授权发明专利职务申请人占比均明显高于广州；当年发明申请授权率指标方面，广州自 2009 年到 2013 年赶超深圳。

综上所述，剖析广州和深圳的城市专利质量结构，发现深圳虽在整体上具有较强的创新能力，但仍然在城市技术质量和城市运营质量上存在短板，深圳政府仍应重视以城市技术质量和城市运营质量为导向制定专利激励政策。陈欣（2017）通过研究珠江三角洲城市专利质量状况发现，深圳在技术质量层面和运营质量层面上处于相对劣势，广州在法律质量层面上处于相对劣势，此研究结果与本节分析结果较为一致。

深圳发明专利所涉的技术领域较为集中，主要为移动通信行业，代表企业为华为技术有限公司（简称华为）与中兴通讯股份有限公司，因而技术质量稍劣势于广州，深圳政府可通过引导新兴技术行业进行专利布局，以此提升深圳的技术质量。此外可通过构建专利联盟等方式提升深圳运营质量水平。

广州发明专利所涉专利权人多为高等院校，代表高校为华南理工大学、中山大学。高校师生对专利文献撰写较不太重视，法律质量较低，同时资金问题造成专利维持时间较短，广州政府可通过引导专利融资提升广州的运营质量状况。

4.2　广东城市专利质量对技术转化的影响分析

　　创新的生产可分成两个阶段，技术开发阶段和技术转化阶段，在技术开发阶段，R&D 经费与 R&D 人员为投入，专利数量为产出。在技术转化阶段，以技术开发阶段的产出（即专利数量）为投入，以相关产品经济收益为产出。

　　由于专利数量并不能全面地反映技术开发阶段的创新产出，本节利用前文计算的我国城市专利质量，将专利质量补充为技术开发阶段的创新产出的衡量指标，并利用计量模型实证检验专利质量对技术转化成果的影响。因此，本节将以专利质量及专利数量作为技术转化过程的技术投入，除了技术投入，技术转化过程还有资金投入和人员投入，而技术转化产出则是高新技术产品的经济价值。具体而言，选取的技术投入为当年城市发明专利授权数及当年城市专利质量，资金投入为当年高新技术产业的固定资产投资额，人员投入为当年高新技术产业从业人员。基于数据可获得性，选取高新技术产品产值额作为技术转化阶段的产出指标。由于投入产出的时滞性，参照以往相关研究，将时滞设置为一年。接下来基于传统的柯布-道格拉斯生产函数构建高新技术产业技术转化过程的计量模型。

　　传统的柯布-道格拉斯生产函数表达如下：

$$Y_{it} = AK_{it}^{\alpha}L_{it}^{\beta} \tag{4-1}$$

其中，Y_{it} 是城市 i 在时间 t 的产值；K 是资本投入；L 是劳动力投入；A 是全要素生产率；α、β 是相关参数的指数。但当今时代技术发展迅猛，为了研究技术对经济的影响，许多学者从全要素生产率中分离出技术因素，在原有的生产函数中引入了反映技术进步的变量 S，以检验技术对经济的影响。本节参照吴海民（2006）的实际操作，在原有的柯布-道格拉斯生产函数中加入反映技术投入的自变量 S：

$$Y_{it} = AK_{it}^{\alpha}L_{it}^{\beta}S_{it}^{\gamma} \tag{4-2}$$

其中，γ 是相关参数的指数。用城市当年发明专利授权数量 PG 和城市当年发明专利授权质量 PQ 衡量 S：

$$Y_{it} = AK_{it}^{\alpha}L_{it}^{\beta}PG_{it}^{\gamma}PQ_{it}^{\aleph} \tag{4-3}$$

其中，$\aleph$ 是相关参数的指数。两边取对数，建立以下面板模型：

$$\ln Y_{it} = \ln A + \alpha \ln K_{it} + \beta \ln L_{it} + \gamma \ln PG_{it} + \aleph \ln PQ_{it} \tag{4-4}$$

产出指标为高新技术产品产值，指标数据来源于广东科技统计数据，基于数据可获得性，获取 2005 年至 2014 年的面板数据。对高新技术产品产值进行平减，基于数据可获得性，选取工业总产值指数作为平减指数。在投入指标方面，通过 incoPat 数据库获取 2004 年至 2013 年广东各城市的发明授权专利数作为技术投入指标之一；通过前文计算得出的 2004 年至 2013 年城市专利质量面板数据作为第二个技术投入指标。在劳动力投入指标方面，基于数据可获得性，通过《广东统计年鉴》获得 2004 年至 2013 年规模以上工业就业人数面板数据，再按照（高新技术产业总产值/规模以上工业总产值）比值折算出高新技术产业的就业人数，作为近似替代。在资本投入指标方面，基于数据可获得性，于《广东统计年鉴》获得 2004 年至 2013 年规模以上工业总资产面板数据，按照固定资产净值平均余额与总资产占比折算出固定资产净值余额，再按照（高新技术产业总产值/规模以上工业总产值）比值折算出高新技术产业的固定资产净值余额，作为近似替代，最后再用固定资产投资指数对其进行平减。由于固定资产净值余额本为存量和净值的概念，故不需重复进行折旧和存量计算（表 4-7）。

表4-7 模型变量统计描述

变量	观察值	均值	标准差	最小值	最大值
Y	210	237.6616	420.3001	0.3376	1888.4850
K	210	256.0815	506.8092	0.2168	3217.5690
L	210	24.0897	42.0648	0.0169	216.6572
PG	210	488.4714	1762.6530	1.0000	13 242.0000
PQ	210	0.2547	0.5026	−1.2397	1.8777

对 Y（高新技术产品产值）进行空间全局自相关检验，发现绝大部分年份都是显著的（表 4-8），接下来将空间因素纳入计量模型中。

表4-8 2005~2014年广东省高新技术产品产值分布全局Moran's I 检验结果

年份	Moran's I	EI	Sd（I）	z	p
2005	0.1109	−0.0476	0.0928	1.7463	0.0610*
2006	0.1512	−0.0476	0.0918	2.1996	0.0280**
2007	0.1505	−0.0476	0.0958	2.1035	0.0380**
2008	0.1340	−0.0476	0.1028	1.8049	0.0620*
2009	0.1294	−0.0476	0.1044	1.7335	0.0670*
2010	0.1430	−0.0476	0.1184	1.6390	0.0710*
2011	0.1421	−0.0476	0.1156	1.6698	0.0700*
2012	0.1776	−0.0476	0.1168	1.9540	0.0390**
2013	0.1838	−0.0476	0.1205	1.9430	0.0380**
2014	0.1808	−0.0476	0.1168	1.9787	0.0350**

**、*分别代表在 5% 和 10%的水平上显著

利用极大似然估计空间面板模型计算，并利用通过计算出来的对数似然函数值及 R^2 来选择最适宜的模型。对数似然函数值绝对值越大，R^2 越大，则模型越能拟合实际情况。模型实证结果如表4-9~表4-11所示。

表4-9　SAR模型回归结果

系数	随机效应	固定效应		
		个体	时间	双向
α	0.3273***	0.3040***	0.7092***	0.3381***
β	0.6667***	0.6777***	0.2481**	0.6330***
λ	−0.0629***	−0.0649***	0.0317	−0.0675**
$\aleph$	0.2358*	0.2329*	−0.3191	0.2814**
loglik	72.9373	125.1517	−6.9854	142.2450
R^2	0.9666	0.9652	0.9723	0.9672

***、**和*分别代表在1%、5%和10%的水平上显著

表4-10　SEM回归结果

系数	随机效应	固定效应		
		个体	时间	双向
α	0.3411***	0.2969***	0.7180***	0.36215***
β	0.6486***	0.6848***	0.2512**	0.6164***
λ	−0.0527*	−0.0582**	0.0256	−0.0767**
$\aleph$	0.2810*	0.2901**	−0.3595	0.2660**
loglik	77.2679	128.9617	0.0217	143.4328
R^2	0.9684	0.9662	0.9721	0.9674

***、**和*分别代表在1%、5%和10%的水平上显著

表4-11　SAC模型回归结果

系数	随机效应（SAC 模型不适用）			固定效应		
				个体	时间	双向
α	—	—	—	0.2974***	0.7437***	0.3607***
β	—	—	—	0.6851***	0.2233*	0.6171***
λ	—	—	—	−0.0589**	0.0265	−0.0764**
$\aleph$	—	—	—	0.2902**	−0.3199	0.2665**
loglik	—	—	—	128.9750	0.2757	143.4374
R^2	—	—	—	0.9661	0.9691	0.9674

注：SAC 是 SAP Analytics Cloud 的缩写

***、**和*分别代表在1%、5%和10%的水平上显著

实证表明，由于不同模型的 R^2 相差不大，但是 loglik 相差较大，故 loglik 最

大的模型最适用，即选择双向固定效应的 SAC 模型更适宜。分析变量的系数估计，劳动力投入、资本投入、发明专利授权数量、发明专利授权质量分别在 1%、1%、5%、5%的水平上对高新技术产品产值有显著的影响，其中劳动力投入、资本投入量、发明专利授权质量对高新技术产品产值有正向的显著性影响，发明专利授权数量对高新技术产品产值有负向的显著性影响。上述可能说明，提升广东发明专利授权数量已无法改善广东的技术转化状况，而广东发明专利授权质量将对广东的技术转化有较好的促进作用。

4.3　广州专利发展特征

4.3.1　广州地区技术创新能力评估：专利计量

本书城市专利数据检索工作基于 incoPat 专利商用数据库，该平台收录了全球 102 个国家的 1 亿余件专利信息，其中也包括自我国正式实施专利制度以来公布的全部中文专利文献信息。incoPat 专利商用数据库的主要特点是，通过对中国专利数据的加工和整合，可提供针对中国专利的中国申请人地市、IPC 分类、被引证专利、同族国家、权利要求数量等二百多个检索字段。为从专利计量的角度对广州地区的技术创新能力进行评估，本节以珠江三角洲九市在 2001~2015 年获得授权的中国发明专利作为研究对象，利用 incoPat 专利商用数据库中的"中国专利申请人地市"及"授权公告日"两个字段构建检索式，检索时间为 2016 年 12 月（其中许可率、转让率和有效率的数据统计时间为 2016 年 12 月 5 日）。数据获取的具体步骤是，登录 incoPat 专利商用数据库，选择高级检索，在指令检索中输入编辑的检索式，在检索结果中仅选择发明授权，继而导入平台中的专题库形成本书的专利数据库。将数据导出保存在本地电脑，对每项专利的指标（如 IPC 个数、专利同族个数、被引次数）分别进行统计计数，形成包括 152 005 项授权中国发明专利的专题数据库，每项专利的数据涵盖专利申请人、授权时间、权利要求数量、专利被引次数、同族数、专利技术领域（IPC 分类号）、法律状态等相关信息。

1. 发明专利授权数量分析

从 2001~2015 年共 15 年的发明专利授权总量来看，广州以 29 681 件发明授权位列第二位，占珠江三角洲九市全部发明授权总数的 19.51%。这一数值与排在第一位的深圳相比仍存在显著差异，但远高于东莞、佛山、珠海等其他 7 个珠江三角洲城市。将 15 年时间按照每 3 年一个阶段进行划分，各阶段珠江三角洲九市发明专利授权数量如表 4-12 所示。从发展趋势看，包括广州在内，九市发明专利授权数量均呈上升趋势。从比例来看，广州发明授权专利数量占珠江三角洲九市总数的比例，在 2001~2003 年高达 41.02%，而这一阶段深圳的占比为 42.92%，说明在这一时期广州与深圳在发明专利授权数量上差距甚微。其后，广州发明授权专利数量占珠江三角洲九市总数的比例迅速下降，2004~2006 年及 2007~2009 年两个时间段内其数值分别为 32.58% 和 15.69%；相比而言，深圳发明授权专利占九市总量的比例在这两个阶段内得到稳步增长，分别达到 54.32% 和 72.45%。这反映出，广州发明专利授权数量在这两个阶段的增长幅度远低于深圳。随后在 2010~2012 年及 2013~2015 年两个阶段，广州发明授权专利占比有所回升，而深圳的占比则有所下降，显示出两市之间的差距有逐渐缩小的趋势。

表4-12　2001~2015年珠江三角洲九市发明授权专利数量

城市	2001~2003 年发明授权总数/件	2004~2006 年发明授权总数/件	2007~2009 年发明授权总数/件	2010~2012 年发明授权总数/件	2013~2015 年发明授权总数/件	2001~2015 年发明授权总数及占比
广州	585	1 907	3 419	8 855	14 915	29 681（19.51%）
深圳	612	3 180	15 786	33 963	39 473	93 014（61.13%）
东莞	33	77	389	2 473	5 713	8 685（5.71%）
佛山	98	310	1 227	2 708	4 102	8 445（5.56%）
珠海	43	148	390	990	2 279	3 850（2.53%）
中山	16	54	152	950	1 910	3 082（2.03%）
惠州	16	52	171	433	1 790	2 462（1.62%）
江门	11	102	197	701	1 081	2 092（1.37%）
肇庆	12	24	57	182	572	847（0.56%）

资料来源：incoPat 专利商用数据库

2. 专利权人分析

珠江三角洲九市 2001~2015 年发明专利授权量位居市内前三名的专利权人情况如表 4-13 所示。从各市主要专利权人的类型看，深圳、东莞、佛山、珠海及惠州、肇庆这 6 市的前三位专利权人均为企业，中山和江门这 2 市授权量前三位专利权人的类型则较为多元化，除了企业与高校还有个人，而广州是珠江三角洲九市中唯一授权量前三位专利权人均为高校的城市。这说明，与其他城市不同，广州拥有华南理工大学、中山大学等科研实力及专利保护意识均较强的高校，使得该市的重点高校发明授权专利量超过重点企业的发明授权专利量。可见，广州的重点院校已成为该市创新体系中的重要创新主体。

表4-13　珠江三角洲九市发明授权专利主要专利权人

城市	主要专利权人	主要专利权人类型	主要专利权人发明授权专利占城市总量的比例
深圳	华为	企业	26.17%
	中兴	企业	18.97%
	鸿富锦精密工业（深圳）有限公司	企业	6.58%
广州	华南理工大学	高校	15.08%
	中山大学	高校	7.12%
	华南农业大学	高校	3.55%
东莞	广东欧珀移动通信有限公司	企业	5.24%
	东莞宏威数码机械有限公司	企业	2.17%
	东莞宇龙通信科技有限公司	企业	2.11%
佛山	佛山市顺德区顺达电脑厂有限公司	企业	4.76%
	美的集团股份有限公司	企业	2.66%
	神达电脑股份有限公司	企业	2.33%
珠海	珠海格力电器股份有限公司	企业	22.28%
	珠海天威飞马打印耗材有限公司	企业	3.66%
	炬力集成电路设计有限公司	企业	3.50%
中山	奥美森工业有限公司	企业	1.88%
	李耀强	个人	1.42%
	中山市云创知识产权服务有限公司	企业	1.33%
惠州	TCL科技集团股份有限公司	企业	34.60%
	广东中讯农科股份有限公司	企业	3.53%
	金乐电子有限公司	企业	2.47%
江门	林智勇	个人	6.83%
	五邑大学	高校	2.39%
	浙江金陵光源电器有限公司	企业	2.39%
肇庆	广东风华高新科技股份有限公司	企业	17.14%
	肇庆理士电源技术有限公司	企业	9.07%
	广东肇庆星湖生物科技股份有限公司	企业	3.60%

资料来源：incoPat 专利商用数据库

　　从核心专利权人发明授权专利数量占城市总量的比例看，华南理工大学、中山大学及华南农业大学这 3 个专利权人所获发明授权专利数量占广州市发明授权专利总量的比例分别为 15.08%、7.12% 及 3.55%，占比合计 25.75%。相比而言，深圳的华为及惠州的 TCL 集团股份有限公司（简称 TCL）拥有的发明专利授权量占其所在城市总量的比例均超过 25%。这表明，尽管华南理工大学、中山大学及华南农业大学这 3 所高校的创新能力与创新活动对广州发明专利授权数量具有一定的影响，但未能形成像深圳的华为、惠州的 TCL 这样的，对整个城市发明专利授权量具有重要影响的核心专利权人。

3. 主要技术领域分析

珠江三角洲九市 2001~2015 年授权的发明专利 IPC 主分类号（小类）前三位专利数量及占城市总量的比例如表4-14 所示。可以看出，深圳发明授权专利涉及的技术领域高度集中，其前三位 IPC 主分类号（小类）发明授权专利数量占城市发明授权专利总量的比例分别为 21.40%、11.40% 与 7.86%。究其原因，主要是深圳华为、中兴两个核心专利权人都是移动通信行业的企业，其拥有的发明专利多属于此类技术领域。而惠州和珠海的前三位 IPC 主分类号（小类）的发明专利数量占城市发明专利总量的比例也分别达到 20.87% 与 20.80%。相比而言，广州发明授权专利涉及的技术领域较为分散，前三位 IPC 主分类号（小类）所占城市总量的比例分别仅为 7.81%、3.81% 与 3.39%。这表明，广州发明授权专利涉及的技术领域未能实现在某个技术领域内形成核心技术能力。

表4-14　珠江三角洲九市发明授权专利主要技术领域

城市	前三位 IPC 主分类号（小类）	专利数量（城市总量的比例）	技术领域
深圳	H04L	19 884（21.40%）	数字信息的传输，如电报通信
	H04W	10 600（11.40%）	无线通信网络
	G06F	7 315（7.86%）	电数字数据处理
广州	A61K	2 318（7.81%）	医用、牙科用或梳妆用的配制品
	G01N	1 130（3.81%）	借助于测定材料的化学或物理性质来测试或分析材料
	C12N	1 006（3.39%）	微生物或酶；其组合物
东莞	A23L	358（4.12%）	不包含在 A21D 或 A23B 至 A23J 小类中的食品、食料或非酒精饮料；它们的制备或处理，如烹调、营养品质的改进、物理处理
	C08L	335（3.86%）	高分子化合物的组合物
	A61K	280（3.22%）	医用、牙科用或梳妆用的配制品
佛山	A47J	455（5.39%）	厨房用具；咖啡磨；香料磨；饮料制备装置
	C04B	292（3.46%）	石灰；氧化镁；矿渣；水泥；其组合物；人造石；陶瓷；耐火材料
	F24F	288（3.41%）	供热；炉灶；通风
珠海	F24F	352（9.14%）	空气调节；空气增湿；通风；空气流作为屏蔽的应用
	G06F	246（6.39%）	电数字数据处理
	B41J	203（5.27%）	打字机；选择性印刷机构；排版错误的修正
中山	A61K	114（3.70%）	医用、牙科用或梳妆用的配制品
	E05B	106（3.44%）	锁；其附件；手铐
	C09D	93（3.02%）	涂料组合物；填充浆料；化学涂料或油墨的去除剂；油墨改正液；木材着色剂；用于着色或印刷的浆料或固体；原料为此的应用

续表

城市	前三位 IPC 主分类号（小类）	专利数量（城市总量的比例）	技术领域
惠州	H04M	201（8.16%）	电话通信
	G06F	181（7.35%）	电数字数据处理
	H04N	132（5.36%）	图像通信，如电视
江门	A23L	73（3.49%）	不包含在 A21D 或 A23B 至 A23J 小类中的食品、食料或非酒精饮料；它们的制备或处理
	C09D	68（3.25%）	涂料组合物；填充浆料；化学涂料或油墨的去除剂；油墨；改正液；木材着色剂；用于着色或印刷的浆料或固体；原料为此的应用
	A61K	65（3.11%）	医用、牙科用或梳妆用的配制品
肇庆	H01M	48（6.92%）	用于直接转变化学能为电能的方法或装置
	C04B	43（6.20%）	石灰；氧化镁；矿渣；水泥；其组合物
	H01G	38（5.48%）	电容器；电解型的电容器、整流器、检波器、开关器件、光敏器件或热敏器件

资料来源：incoPat 专利商用数据库作者计算所得

4.3.2　创新主体专利合作行为计量研究

1. 广州校企专利申请量对比

包括中山大学、华南理工大学这 2 所"985 工程"高校在内，广州共集聚了 82 所高校，约占广东省高校总量的 80%。广东省企业联合会与广东省企业家协会于 2017 年 8 月 3 日发布的《2017 年广东企业 500 强》显示广州有 167 家企业成功进入该榜单。可以看出，广州不仅是华南地区高等教育最发达的城市，而且拥有大量实力雄厚的企业。利用 incoPat 专利商用数据库信息进行检索发现，作为城市创新体系中最重要的两类创新主体，广州高校和企业 2007~2015 年的发明专利申请总量分别为 22 917 件和 37 996 件。从专利有效性看，高校的 22 917 件发明专利申请中有效专利占 44.55%，失效专利占 33.55%（其余为审查中）；企业的 37 996 件发明专利申请中，有效专利占 46.64%，失效专利占 22.34%（其余为审查中）。图 4-4 显示专利申请量位列前 5 的高校与企业 9 年来发明专利的申请数量。可以看出，前 5 位高校专利权人的发明专利申请量均超过 1000 件，而前 3 位的申请量都超过 2000 件，显著高于企业专利权人的申请量；华南理工大学 2007~2015 年发明专利申请总量高达 9602 件，远高于其他专利权人。这说明，尽管从总量上看广州企业发明专利申请总量要高于高校，但从重点专利权人看，高校的发明专利申请数量要高于企业，说明广州拥有颇具创新实力的高校，却缺乏具有较强创新能力的企业。

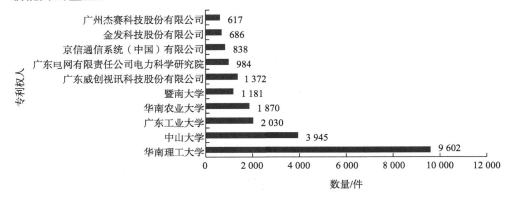

图 4-4　广州发明专利申请量排名前 5 位校企申请人 2007~2015 年专利申请量
资料来源：incoPat 专利商用数据库作者计算所得

2. 广州校企专利合作行为计量分析

作为城市创新体系中两类最为重要的创新主体，高校与企业在研究开发及科研成果产业化方面各具相对优势，高校拥有丰富的科研资源和科技人才，是科研成果和创新的重要来源，其科研创新能力虽具有比较优势，但对技术市场需求缺乏了解、资金不足等导致科研成果转化困难；企业贴近市场，更了解客户需求，在产品设计、资金、渠道等科研成果产业化方面拥有相对优势，但往往研发能力有限。若能有效利用广州丰富的高校资源，促进高校与企业开展合作，实现高校科研活动与企业创新需求的有效对接，将有利于整合区域科研资源，解决高校研究开发活动缺乏资金和市场推广困难等问题，同时也能够为企业开展技术创新活动提供知识源泉，从而实现高校与企业两者的优势互补，推进广州实现创新驱动发展。专利合作指的是两个或者两个以上的单位或个人共同从事发明创造并申请专利的情况，是校企开展科研合作的典型形式，这种合作方式可以显著提高专利成果的转化率和转化速度。广州校企专利合作的发展趋势如何？合作规模如何？合作技术领域分布如何？合作网络演化特征如何？本节将对如上问题开展研究，以分析广州校企专利合作发展水平、特征及存在的问题，从而提出优化对策。

1）研究样本与数据收集

本节主要针对校企共同申请专利进行分析。广州校企合作专利指的是专利申请地址在广州，且专利申请人中至少包含 1 所高校及 1 家企业的发明专利。本书的专利数据全部来自 incoPat 专利商用数据库，专利检索的时间为 2017 年 7 月。考虑到专利自申请到公开大约有 18 个月的滞后期，结合对专利数据的代表性、容量大小等因素的综合考量,将检索时间跨度设定为2007~2015年。综合利用incoPat专利商用数据库对中国专利数据提供的申请人地市(city)及申请人类型(ap-type)两个字段进行数据检索,检索式为"city=(广州)AND ap-type=(C)AND ap-type=(U)",从而检索到2007~2015年广州校企合作申请专利2405件,下载相关专利数据并进行数据分析。

2)整体变化趋势分析

2007~2015年,广州校企合作申请专利合计2405件。通过对历年校企合作专利数量进行分析,得出这9年间的变化情况(图4-5)。2008年校企合作专利数量出现负增长,由2007年的78件降至55件,降幅为29.49%。自2009年以来,广州校企合作申请专利数量稳步上升。其中,2009年增幅比例最高,与2008年相比,提升了121.81%。2012年、2013年的增长率分别为69.02%和56.59%,排在增长率第2名和第3名的位置。2014年与2013年专利数量持平,到2015年,广州校企合作申请专利数量达到顶峰,为524件。

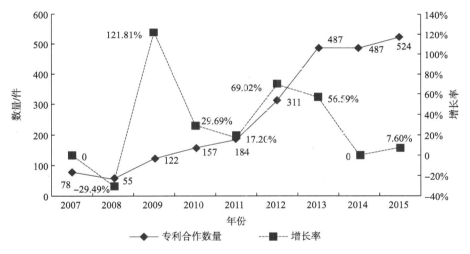

图4-5　广州校企合作专利数量及变化趋势

资料来源:incoPat专利商用数据库作者计算所得

3)专利合作申请人组织类型分析

图4-6显示了广州校企合作专利申请人的类型分布情况。可以看出,9年间广州校企合作申请的2405件专利中包含专利申请人共计841个,专利申请人类型以企业为主,在2007~2015年共有433家广州企业和315家外地企业与广州高校开展了校企专利合作申请的活动,所占比例为88.94%;仅有91所高校参与了校企专利合作申请活动,数量上远低于企业,且外地高校数量(69所)大大高于广州高校(22所);而科研院所等其他机构仅2家。

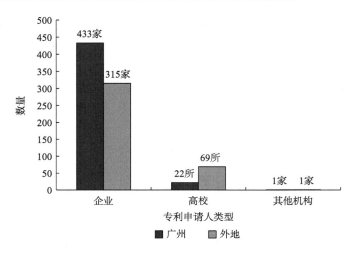

图 4-6　广州校企合作专利申请人类型分布

资料来源：incoPat 专利商用数据库作者计算所得

4）合作频次分布分析

2007~2015 年 9 年间广州校企合作申请专利的 841 个专利申请人构成了 1223 个合作关系对，每个合作关系对平均合作 1.96 次。专利权人合作频次的分布情况如图 4-7 所示。可以看出，仅有极少数专利权人拥有较高的合作频次，而大部分专利权人的合作频次都处于较低的水平。华南理工大学合作频次高达到 847 次，位列广州市所有专利申请人首位；其后，中山大学（356 次）、广东电网有限责任公司电力科学研究院（259 次）、南方电网科学研究院有限责任公司（210 次）、清华大学（129 次）依次排在第 2~5 名的位次；另有 4 个专利权人（广东电网有限责任公司电力科学研究院、华南师范大学、武汉大学、华北电力大学）合作频次在 100 次以上，在 51~100 次及 21~50 次的专利申请人分别有 7 个和 15 个。合作频次为 1 的专利权人数量最多（470 个），占样本中专利权人总数的比例为 55.89%；合作频次为 2 的专利权人共计 149 人，所占比例为 17.72%；超过 93.70% 的专利权人合作频次在 10 次及以下的水平。这说明，大部分专利合作申请各方的合作关系不够牢固和稳定。

5）合作规模分布分析

一件校企合作专利的专利权人至少有两个，且至少包括一家企业、一所高校。合作规模越大，说明参与专利技术研发及专利申请过程的组织数量越多。由表 4-15 和图 4-8 可以看出，专利合作规模的分布呈现如下三点特征。其一，2007~2015 年，2 人合作规模始终是广州校企专利合作的主流，所占比例高达 84.78%。尽管如此，自 2012 年以后，2 人合作专利数量不断下降，其所占比例也持续下滑，到 2015 年已降至 9 年来的最低值（76.15%）。其二，9 年间 3 人合作专利申请合计

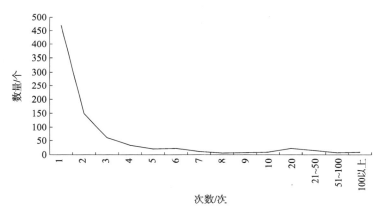

图 4-7　广州校企合作专利合作频次分布

资料来源：incoPat 专利商用数据库作者计算所得

327 件，仅占合作专利总数的 13.60%。虽与 2 人合作相比相差甚远，但从发展趋势看，自 2012 年以后，3 人合作专利所占比例稳步上升，从 2012 年的 7.07%提高到 2015 年的 21.18%，说明 3 人合作的情况越来越普遍。其三，2007~2015 年，广州校企合作申请的 2405 件专利中，只有 35 件专利是 4 人合作的，而 5 人及以上申请人的专利仅有 4 件，可见，专利申请人合作规模在 4 人及以上的情况罕见。以上分析说明，绝大部分专利合作涉及的合作方数量偏少，这不利于专利合作参与各方从合作伙伴处获取异质性知识，从而达到知识创新和知识积累的目的。

表4-15　广州校企合作规模分布情况

年份	合作规模							
	2 人合作		3 人合作		4 人合作		5 人及以上合作	
	专利申请数量/件	所占比例	专利申请数量/件	所占比例	专利申请数量/件	所占比例	专利申请数量/件	所占比例
2007	64	82.05%	14	17.94%	0	0	0	0
2008	52	94.55%	1	1.82%	2	3.60%	0	0
2009	105	86.07%	16	13.11%	1	0.82%	0	0
2010	140	89.17%	16	10.19%	1	0.64%	0	0
2011	162	88.04%	17	9.23%	5	2.72%	0	0
2012	289	92.93%	22	7.07%	0	0	0	0
2013	426	87.47%	51	10.47%	9	1.85%	1	0.21%
2014	402	82.55%	79	16.22%	5	1.03%	1	0.21%
2015	399	76.15%	111	21.18%	12	2.29%	2	0.39%
合计	2039	84.78%	327	13.60%	35	1.46%	4	0.17%

资料来源：incoPat 专利商用数据库作者计算所得

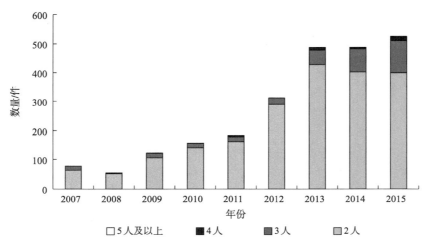

图 4-8　广州校企合作规模分布变化趋势

资料来源：incoPat 专利商用数据库作者计算所得

6）合作地域分布分析

基于专利申请人所在的地域，可以将校企专利合作划分为四种模式：同城合作（即专利申请合作主体均位于广州）、同省异城合作（即专利申请人中至少有 1 个主体来自广东省除广州外其他城市）、跨省合作（即专利申请人中至少有 1 个主体来自中国其他省份）、跨国合作（即专利申请人中至少有 1 个主体来自其他国家）。表 4-16 和图 4-9 详细地统计出 2007~2015 年广州校企合作申请专利的申请人地域分布情况。从中可获得如下三点发现。第一，四种模式中同城合作与跨省合作相对较为普遍。其中，同城合作的专利申请数量合计 1121 件，所占比例高达 46.61%，在四种模式中位列第一。其后是跨省合作，共有专利申请 904 件，占比为 37.59%。从变化趋势看，2007~2012 年，同城合作的专利申请数量始终高于其他模式，并在 2010 年其所占比例达到最高值（64.33%）。然而，自 2011 年开始，同城合作的专利申请数量与跨省合作之间的差距迅速减少，在 2013 年跨省合作模式的专利申请数量甚至超过了同城合作模式。这说明，跨省合作模式呈现出日益普遍的趋势。第二，同省异城合作的专利申请数量在 2007~2015 年基本保持稳步增长的趋势，合计达到 371 件，占比为 15.43%。这一模式 9 年间所占比例极少能超过 20%，且在 2012 年达到最低值（10.61%），到 2015 年又升至 20.04%，说明尽管这一模式的专利申请数量持续增长，但增幅远小于同城合作与跨省合作这两类模式，导致所占比例有所下降。第三，跨国合作 9 年来只有 9 件，所占比例仅为 0.37%，说明这一模式极为罕见。

表4-16　广州校企合作地域分布情况

年份	合作地域							
	同城合作		同省异城合作		跨省合作		跨国合作	
	专利申请数量/件	所占比例	专利申请数量/件	所占比例	专利申请数量/件	所占比例	专利申请数量/件	所占比例
2007	46	58.97%	12	15.38%	20	25.64%	0	0
2008	27	49.09%	11	20.00%	17	30.91%	0	0
2009	75	61.48%	22	18.03%	25	20.49%	0	0
2010	101	64.33%	27	17.20%	28	17.83%	1	0.64%
2011	105	57.07%	31	16.85%	47	25.54%	1	0.54%
2012	144	46.30%	33	10.61%	132	42.44%	2	0.64%
2013	156	48.05%	70	14.37%	259	53.18%	2	0.41%
2014	234	47.84%	60	12.32%	192	39.43%	1	0.21%
2015	233	44.47%	105	20.04%	184	35.11%	2	0.38%
合计	1121	46.61%	371	15.43%	904	37.59%	9	0.37%

资料来源：incoPat 专利商用数据库作者计算所得

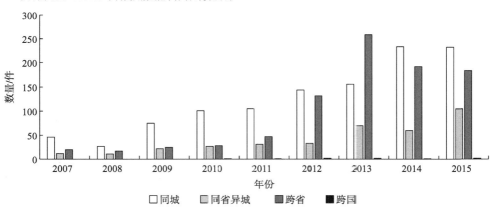

图 4-9　广州校企合作专利地域分布变化趋势

资料来源：incoPat 专利商用数据库作者计算所得

7）合作技术领域分布分析

IPC 是由世界知识产权组织制定，是国际公认的、根据技术领域对专利文献进行分类和检索的工具，包括 5 个级别（部、大类、小类、主组和分组）。一项专利可能包含多个技术对象，因此可能被归为一个或多个 IPC 代码。本书仅对每项专利的主专利分类号进行统计和分析。在小类这一层次，依据 WIPO 发布的《国际专利分类号与技术领域对照表》将专利划分为 5 大技术领域及 35 个子技术领域。2007~2015 年广州校企共同申请的 2405 件专利技术领域分布情况如

图 4-10 和表 4-17 所示。电气工程领域的合作专利申请数量为 822 件，所占比例为 34%，排列第一位，其后依次是化学（724 件）、工具（522 件）、机械工程（281 件）、其他（56 件）。

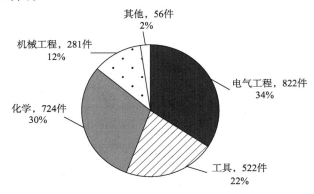

图 4-10　广州校企合作专利技术领域分布

资料来源：incoPat 专利商用数据库作者计算所得

表4-17　广州校企合作专利子技术领域分布

技术领域	子技术领域	专利数量/件	技术领域	子技术领域	专利数量/件
电气工程	半导体	21	化学	表面技术和涂敷	43
	电气机械设备及电能	332		材料及冶金	51
	电信	60		高分子化学及聚合物	111
	管理信息技术方法	86		化学工程	81
	基础通信方法	8		环境技术	56
	计算机技术	194		基础材料化学	90
	声像技术	30		生物技术	106
	数字通信	91		食品化学	68
机械工程	搬运	30		微观结构和纳米	0
	发动机、泵、涡轮机	17		药品	24
	纺织造纸	31		有机精细化学	94
	机床	29	工具	测量	360
	机械零件	14		光学	46
	交通	23		控制	77
	热处理及设备	48		医疗技术	39
	其他特殊机器	89		生物材料分析	0
其他	土木工程	30			
	其他消费品	25			
	家具和娱乐	1			

资料来源：incoPat 专利商用数据库作者计算所得

从子技术领域来看（表 4-17），除微观结构和纳米、生物材料分析两个领域没有专利申请外，2007~2015 年共 9 年间广州校企合作申请的专利共涉及 33 个技术领域，且呈现出较为分散的分布特征。测量和电气机械设备及电能是仅有的两个专利申请数量超过 300 件的子技术领域；其后，有 3 个子技术领域（计算机技术、高分子化学及聚合物和生物技术）的专利申请数在 100~300 件；有 11 个子技术领域（如有机精细化学、数字通信、基础材料化学、其他特殊机器等）的专利申请数量在 51~100 件；另有 19 个子技术领域的专利申请数量未超过 50 件，其中，基础通信方法、家具和娱乐这两个技术领域专利申请量分别为 8 件和 1 件，分列倒数第 2 名和第 1 名。

4.4　广州校企专利合作网络的计量分析

利用社会化网络分析方法对 2007~2015 年广州校企专利合作网络进行分析，可以揭示合作网络关系的疏密程度、演化特征、核心节点等情况，从而获得丰富的研究发现和结论。

4.4.1　基于不同时期的专利合作网络分析

本章通过把广州校企合作申请专利按 2007~2009 年、2010~2012 年和 2013~2015 年 3 个阶段进行汇总，提取出合作专利中的专利申请人，如果两个组织共同申请过一件专利，则两者间建立一次连接关系，继而利用 Ucinet 软件绘制出以组织为节点、组织间专利合作关系为联系的专利合作网络图谱，并报告各阶段重要的社会网络分析指标，以全面反映不同时期广州校企专利合作网络的属性特征，从而分析网络的演化趋势。

1. 整体网络分析

表 4-18 显示 3 个阶段的网络节点数、网络边数、网络密度及网络中心势。其中，网络节点数代表 2007~2015 年广州校企专利合作网络中合作申请专利的组织数量。网络边数代表组织间共同申请专利的频次。网络密度是网络中节点间的实际连接数总和与网络可能存在的最大连接数之比值，该指标反映了网络中各节点组织专利合作的紧密程度。网络密度越大，说明网络中节点组织间专利合作联系

越紧密。网络中心势这一指标描述整个网络围绕某个或某些中心节点组织起来的程度，反映整个网络的凝聚性，其数值在 0~1，越接近于 0 表示网络越松散，越接近于 1 表示节点之间的关系越紧密。

表4-18　广州校企合作网络指标

网络指标	2007~2009 年	2010~2012 年	2013~2015 年
网络节点数/个	172	315	524
网络边数/条	195	402	766
网络密度	0.0066	0.0041	0.0028
网络中心势	36.60%	38.67%	35.75%

资料来源：incoPat 专利商用数据库作者计算所得

由表 4-18 看，广州校企专利合作网络各指标的演化情况如下，网络节点数、网络边数在 2007~2009 年、2010~2012 年、2013~2015 年 3 个阶段稳定增长；网络密度始终偏低，且有逐渐减少的趋势；网络中心势数值较低，且相对稳定。

具体来说，第一阶段网络节点数与网络边数相对较低，分别仅为 172 个和 195 条，说明这一时期广州校企合作规模相对较小，参与合作的组织较少，各组织之间共同申请专利的次数较少，反映出该阶段专利合作仅仅局限于较小的范围。此外，这一阶段的网络密度为 0.0066，尽管数值偏低，但仍略高于其他两个阶段；网络中心势为 36.60%，介于 2010~2012 年及 2013~2015 年两个阶段之间，且差距不大。这说明，2007~2009 年广州校企专利合作网络中各节点之间的关系在整个研究阶段中，显得相对紧密，网络中的成员主要集中与核心组织合作，而与其他组织的合作相对较少。

第二阶段广州校企专利合作网络节点数及网络边数较之前一阶段出现明显的提高，增长率分别为 83.14% 与 106.15%，说明这 3 年间广州有许多高校或企业开始建立了专利合作关系，校企之间的知识交流与协同创新变得频繁。这一阶段的网络密度略有下降而网络中心势则稍有上升，但 2 个指标的数值都处于较低的水平，显示出整个网络凝聚性较低，网络中各节点组织间的合作关系极为松散。

第三阶段，网络节点数增至 524 个，网络边数增长到 766 条，说明此阶段已有较多高校和企业开展了专利合作，知识交流变得频繁，而网络密度与第二阶段相比略有下降，网络中心势则减少到 35.75%，显示网络中各节点之间的关系日趋稀疏，各组织之间的合作关系愈发松散。

2007~2015 年广州校企合作申请专利数量逐渐增多，参与到合作中的创新主体迅速增长，网络节点数及网络边数随着网络规模的扩大而增加。然而，随着专利合作网络节点数的增加，网络密度却呈现出逐渐松散的特征，网络内呈现出向中心聚集的效应。

2. 关键节点分析

本节利用社会网络分析法，采用节点点度中心度、中介中心度这两个网络中心性指标来分析网络的节点地位。表 4-19 列出了 3 个时期点度中心度前 5 名的专利申请人。点度中心度是社会网络分析中常用的指标，该指标反映某一节点与其他节点相连的情况，可用于衡量节点在网络中的地位差异。专利合作网络中某一节点的点度中心度越高，说明与其共同申请专利的组织越多，该点所对应的组织就是该网络中的核心机构。如表 4-19 所示，2007~2015 年，广州校企专利合作网络中点度中心度排名前列的申请人以广州高水平高校为主。例如，华南理工大学、中山大学、广东工业大学与华南农业大学这 4 所高校在这 3 个阶段始终位列点度中心度排名的前 5 位。这说明，4 所大学与其他组织直接建立了广泛的专利合作关系，在广州校企专利合作网络中处于重要的地位。广东电网有限责任公司电力科学研究院与南方电网科学研究院有限责任公司分别在 2010~2012 年及 2013~2015 年迈入点度中心度专利前 5 名的榜单，也是这一榜单上仅有的两家非高校的组织。

表4-19　广州校企专利合作网络的点度中心度（前5名）

时期	排名	专利申请人名称	点度中心度	专利申请人类型	专利申请人地域
2007~2009 年	1	华南理工大学	64	高校	广州
	2	中山大学	43	高校	广州
	3	广东工业大学	10	高校	广州
	4	华南农业大学	8	高校	广州
	5	广东药学院	7	高校	广州
2010~2012 年	1	华南理工大学	123	高校	广州
	2	中山大学	59	高校	广州
	3	广东电网有限责任公司电力科学研究院	23	科研机构	广州
	4	广东工业大学	20	高校	广州
	5	华南农业大学	19	高校	广州
2013~2015 年	1	华南理工大学	189	高校	广州
	2	中山大学	65	高校	广州
	3	华南农业大学	44	高校	广州
	4	广东工业大学	34	高校	广州
	5	南方电网科学研究院有限责任公司	30	企业	广州

资料来源：incoPat 专利商用数据库作者计算所得

表 4-20 列出了 3 个时期中介中心度前 5 名的专利申请人。中介中心度反映某一节点是否处于其他节点之间关系对的关键路径上，可用于衡量节点拥有的权利大小。在专利合作网络中，某一节点的中介中心度越高，可以认为该节点

在网络中处于协作创新的关键路径上，对其他节点之间的联系有越大的影响力和控制力，可通过控制知识流动来影响整体网络。表4-20显示，尽管在2007~2009年，金发科技股份有限公司、广东肇庆星湖生物科技股份有限公司及中国南方电网有限责任公司成功迈入这一阶段校企专利合作网络中介中心度的第3位到第5位，但在2007~2015年广州校企专利合作网络中，中介中心度排名前列的专利申请人仍以华南理工大学、中山大学等广州的高水平高校为主。

表4-20 广州校企专利合作网络的中介中心度（前5名）

时期	排名	专利申请人名称	中介中心度	专利申请人类型	专利申请人地域
2007~2009年	1	华南理工大学	5 211.5	高校	广州
	2	中山大学	3 787.0	高校	广州
	3	金发科技股份有限公司	1 462.0	企业	广州
	4	广东肇庆星湖生物科技股份有限公司	1 462.0	企业	广州
	5	中国南方电网有限责任公司	327.0	企业	广州
2010~2012年	1	华南理工大学	31 730.0	高校	广州
	2	中山大学	12 626.6	高校	广州
	3	广东电网有限责任公司电力科学研究院	8 902.9	科研机构	广州
	4	广东工业大学	5 036.4	高校	广州
	5	华南农业大学	4 533.5	高校	广州
2013~2015年	1	华南理工大学	84 374.1	高校	广州
	2	中山大学	37 579.4	高校	广州
	3	华南农业大学	17 254.7	高校	广州
	4	华南师范大学	15 921.9	高校	广州
	5	广东工业大学	13 426.2	高校	广州

资料来源：incoPat专利商用数据库作者计算所得

综上可见，华南理工大学、中山大学等高水平高校在广州校企专利合作网络中，不仅与众多其他组织建立了直接的专利合作关系，而且占据着协作创新的关键路径，对整个网络都具有重要的影响。

4.4.2 基于不同地域的专利合作网络分析

以专利申请人所在的地域为研究对象，即网络节点为省区市或城市，组成跨省专利合作网络和同省跨市专利合作网络。

在跨省专利合作网络中，共有28个省区市与广东开展了专利合作，且各省区市专利合作频次存在显著差异。与广东开展校企专利合作活动频次超过200次的省区市仅有2个，分别是北京（284次）、湖北（213次）；江苏（68

次）、上海（64 次）、陕西（41 次）、湖南（33 次）4 个省市与广东省开展校企专利合作的频次超过 30 次；另有 7 个省区市的专利合作频次在 10~30 次区间。以上说明，只有少量省区市与广东的专利合作较为紧密，大部分省区市的专利合作频次数值非常低。

在同省跨市专利合作网络中，有 17 个城市以广州为中心开展了专利合作，网络整体上呈现出星形拓扑结构。网络中有 9 个城市（潮州、汕头、珠海、惠州、云浮、肇庆、阳江、清远、揭阳）只与广州存在合作关系，其他节点则出现少量多边连接（江门、梅州、湛江、佛山为 2 个连接；韶关、中山、深圳、东莞为 3 个连接），说明广州在同省跨市专利合作网络中处于核心位置，与其他城市间形成了较为松散的合作关系。从合作强度看，深圳是唯一一个与广州专利合作频次超过 100 次的城市；合作频次在 20~100 次的城市共有 3 个，分别为佛山、东莞和江门；合作频次在 10~19 次的有肇庆、惠州、清远、韶关、中山、珠海这 6 个城市；湛江、汕头等 7 个城市与广州的合作频次在 10 次以下。

跨省专利合作网络与同省跨市专利合作网络有如下两个共同点：其一，无论是跨省专利合作还是同省跨市专利合作，大多停留于低频次合作。鉴于北京、湖北是合作强度最高的省市、深圳是合作强度最高的城市，体现出地理距离并未对专利合作强度产生重要影响。其二，无论是跨省专利合作还是同省跨市专利合作，均以广州（广东）为中心，且大多停留于低频次合作。

4.4.3　基于高频次合作关系的专利合作网络分析

专利合作频次较高，往往意味着合作各方之间建立了比较稳定、牢固的合作关系。在广州校企专利合作网络中过滤掉合作频次在 30 次以下较弱的合作关系后，专利合作网络形成了 3 个形状、大小各异，且相对独立的子网。由此也可以看出，广州校企专利合作存在业缘、亲缘和地缘三类典型模式。

第一，由广东电网有限责任公司电力科学研究院、南方电网科学研究院有限责任公司、广州供电局有限公司、中国南方电网有限责任公司电网技术研究中心及广东电网有限责任公司电力调度控制中心等电力行业的企业或机构与华南理工大学、清华大学、华北电力大学、武汉大学形成了基于业缘合作模式的子网。在该子网中，南方电网科学研究院有限责任公司与中国南方电网有限责任公司电网技术研究中心、清华大学、华北电力大学及华南理工大学均有合作；而广东电网有限责任公司电力科学研究院则和武汉大学、华南理工大学、华北电力大学这 3 所高校形成了合作关系；此外，广州供电局有限公司与华南理工大学也形成了专利合作关系。可以看出，此类模式可以突破地域、组织关系等因素的限制，只要合作方之间能够通过专利合作实现互惠互利，合作关系网络可以在不同地域、不同组织类型之间扩展，因此知识交流和资源共享的范围与规模较大。

第二，由华南师范大学及其衍生组织（深圳市国华光电科技有限公司、深圳市国华光电研究所及深圳市国华光电研究院）形成了基于亲缘合作模式的子网。在该子网中，华南师范大学周国富教授依托华南师范大学"光学"国家重点学科，组建了华南师范大学新型类纸显示技术创新团队，并于 2013 年领导创立了深圳市国华光电科技有限公司，深圳市国华光电研究所、深圳市国华光电研究院均为该企业的相关科研机构。作为科研人员创业型衍生组织，深圳市国华光电科技有限公司及其相关科研机构已与华南师范大学形成稳定、深入的专利合作关系。此类合作模式下，合作各方之间关系密切、往往拥有共同的利益和目标，在合作过程中常常能较好地开展协作和进行沟通，从而使专利合作过程中可能存在的矛盾和冲突大大减少，专利合作关系更加稳定和长久。

第三，由中山大学和华南理工大学这两所广州高水平高校与周边企业形成了基于地缘合作模式的子网。具体而言，华南理工大学与广州新视界光电科技有限公司、广州市华科实业有限公司的合作，中山大学与中国烟草总公司广东省公司的合作均属于此类型。可以看出，作为广东仅有的两所"985 工程"高校，华南理工大学与中山大学具有科研实力较强、知名度较高的天然优势，通过与本地企业开展广泛的专利合作，充分体现了其创新带头作用。该类模式有利于广州企业充分利用本地高校的创新资源，对广州创新型城市建设具有十分重要的意义。

4.4.4　广州校企专利合作策略

1. 广州校企专利合作存在的问题

通过以上分析发现广州校企专利合作尚处于比较初级的发展阶段，还存在着一系列的问题。这些问题的存在不仅在一定程度上限制了广州校企专利合作的效率及专利产出水平，而且不利于广州创新型城市建设和专利事业的长足发展。

第一，合作规模小、程度低。这主要体现在以下三个方面。其一，2007~2015年广州发明专利申请合计 77 656 件，而这 9 年间广州校企专利合作申请数量仅为 2405 件，所占比例只有 3.10%。其二，这 9 年间，广州仅有 433 家企业、22所高校开展了校企专利合作申请，大量高校和企业从未通过校企合作从事专利研发与保护活动。其三，专利申请人之间普遍合作关系稀疏、合作频次较低，鲜有能保持长期、稳定合作的，而专利合作规模以 2 人合作为主，4 人及以上合作的情况非常少见。这一问题带来的后果是，创新资源未能在校企间进行有效的共享，这不仅限制了区域创新能力和创新绩效的提高，也造成了社会资源的浪费。

第二，合作参与度不均衡。其具体表现在以下五个方面。其一，从专利申请人类型看，广州高校参与校企专利合作的程度高于企业。尽管参与广州校企专利合作的高校数量要少于企业，但从专利合作网络分析的结果看，整体网络中的关键节点主要为高校。这说明，广州高校作为技术和知识的重要源头，在广州校企专利合作中发挥着重要作用；而广州企业开展的专利合作大多数是偶发的、零散的，具有战略目标的、持久深入的合作关系数量还比较少。其二，"985 工程"类高水平高校的校企专利合作参与度明显高于一般高校。2007~2015 年华南理工大学和中山大学与企业合作申请专利共 1203 件，是广州校企发明专利合作申请中表现最为突出的高校；而与广州企业合作申请专利最多的两所大学（即清华大学与武汉大学）也属于"985 工程"高校。这表明，高水平高校科研实力较强，主要负责基础科学领域的研究，且具有较高的社会声誉和地位，可基于自身在优势学科领域的领先技术与不同企业建立研发合作关系，并不断吸引更多具有创新潜质的企业加入，因此通常能够在专利合作网络中占据优势，对整个网络的创新活动起着至关重要的作用。除了少数"985 工程""211 工程"高校外，广州大多数的其他高校，特别是地方性院校，从未开展专利合作，或即便是进行了合作，其合作频次极为有限。其三，广州校企专利合作中合作频次较多的企业以电力行业大型国企为主。在合作频次较多的 5 家企业中，除了深圳市国华光电科技有限公司为民营企业，其余 4 家（广东电网有限责任公司电力科学研究院、南方电网科学研究院有限责任公司、广东电网有限责任公司电力科学研究院、广州供电局有限公司）均为电力系统国有企业。这类企业拥有较强的资金优势和技术应用能力，能快速转化专利技术，实现经济效益。而广州其他行业的企业，不论是龙头企业还是中小企业，与高校进行专利合作的程度均非常低。其四，相对固定的校企专利合作组合集中在少数高校和企业间。这类高校和企业间不仅合作次数较多，而且合作时间也较长，形成了较为稳定而深度的专利合作关系。大部分校企之间专利合作不仅次数少，而且合作对象分散，表现出专利合作关系极为松散的特征。其五，从专利合作涉及的地域看，广州校企专利合作以同城合作为主，跨省合作第二，同省跨市第三，而跨国合作的数量则屈指可数，说明不同地域的专利合作组织参与度有较大差异。

第三，合作技术领域非战略性产业。广州校企专利合作的技术领域以测量和电气机械设备及电能为主，并不属于当下发展最快的先进制造、信息技术、生物医药等高端技术领域。这一方面是由于广州校企合作中企业类型的专利申请人以电力企业为主；另一方面的原因在于，高校在战略性新兴产业方面鲜有高水平的基础技术研发成果。

2. 合作策略

针对上文中广州校企专利合作存在的三大问题，结合广州的现实情况，本节从政府、高校及企业三个角度分别提出相应的对策。

1）广州高校应采取的策略

第一，大力发展衍生企业。尽管广州高校数量众多，但拥有学校参股或科研人员创业型衍生企业的高校却并不常见。高校的衍生企业与高校联系密切，往往有着共同的利益和目标，是高校与市场对接的天然桥梁。高校应通过大力发展高校衍生企业，充分利用广州高校丰富的科研优势，激发高校面向市场的创新活力，形成长期、稳定的"亲缘型"校企专利合作关系。

第二，制定相关政策以激励高校积极开展校企合作。具体措施包括，其一，将专利合作项目纳入大学排名、课题评审及科研人员职称评定和业绩考核指标；其二，针对校企专利合作项目制定灵活的项目及经费管理模式，下放校企专利合作项目的管理权，赋予此类科研团队更大的经费自主权。

第三，加强各高校之间进行专利合作经验交流。华南理工大学、中山大学等校企专利合作参与程度较高的高校，应积极与广州其他高校开展经验交流活动，以促进校企专利合作活动在更多高校推广。

2）广州企业应采取的策略

第一，应与高校之间加强专利合作。企业要提高专利合作意识，主动与拥有优质、互补科研资源的高校开展共建研究中心、联合技术等多元化的创新活动，并积极将科研成果申请专利保护。

第二，对已建立专利合作关系的高校，根据合作专利的价值，企业应合理投入资金、创意和市场资源，不断加大专利合作的深度和广度，从而提高专利合作的效率和产出。

3）广州政府应采取的策略

第一，政府应引导并支持建立战略性新兴产业的"业缘型"校企专利合作。政府应通过政策导向和制度保障，鼓励广州战略性新兴产业的企业不断创新，并依托广州高校在此类技术领域内的现有优质科研资源（如国家实验室、国家重点学科等），成立校企创新联盟，通过校企合作形式提高其创新能力与水平；另外，政府应为战略性新兴产业校企创新联盟提供资助，特别是那些研究产业共性技术、核心技术、基础技术等基础研究项目的校企创新联盟，要加大投资的规模。

第二，政府应制定旨在鼓励校企专利合作的科技政策、旨在规范校企专利合作关系的专利管理制度及校企专利合作的具体实施办法与实施细则，从而全方位地为校企专利合作提供风险共担、利益合理分配的保障机制，明确专利主要发明人和转化人、发明人团队其他成员、发明人所在院系、学校等合作各方的责任、义务和专利运营收益中分配的比例，使校企专利合作逐渐向科学、规范、有序的方向发展。

第三，政府应积极扩宽校企开展专利合作的交流渠道。其具体措施包括：①引导成立旨在促进大学及企业之间专利合作为目的的各类非营利性组织，为校企专利合作提供信息、管理、咨询等服务。②通过技术交易会、学术研讨会、专利展示会等方式为潜在的合作各方搭建交流平台，特别是为其他省区市，乃至海外的企业或高校与广州校企的创新合作提供良好的沟通渠道。

4.5　本章小结

广东作为专利大省，本章对广东地级及以上城市的城市专利质量进行了时空层面的分析。看出广东城市专利质量均值远远大于全国城市专利质量均值；从时序上看，广东城市专利质量呈现先增加后减少的趋势，且地级及以上城市间的专利质量差距也呈现先增加后减小的趋势。通过聚类分析进一步发现，珠江三角洲九市除肇庆和江门外，均具有高人均 GDP、高专利数量、高专利质量的发展特征。用非参数核密度估计发现，广东城市专利质量平均水平呈现先上升后下降的趋势；用区域差距系数测量发现，广东城市专利质量差距呈现先增加后减小趋势；用 Moran' I 对广东地级及以上城市的专利质量进行测算，发现广东城市专利质量聚集并不显著。剖析粤港澳大湾区两座中心城市广州和深圳的城市专利质量结构，发现深圳虽在整体上具有较强的创新能力，但仍然在城市技术质量和城市运营质量上存在短板，深圳政府仍应重视以城市技术质量和城市运营质量为导向制定专利激励政策。

利用城市专利质量，对广东技术转化状况进行实证。在柯布-道格拉斯函数的基础上构建空间面板计量模型进行分析，包括 SEM、SAR、SAC 模型。本章用极大似然估计空间面板模型，并通过计算出来的对数似然函数值及 R^2 来选择最适宜的模型。实证结果表明，选择双向固定效应的 SAC 模型更适宜，分析变量的系数估计，劳动力投入、资本投入、发明专利授权数量、发明专利授权质量分别在 1%、1%、5%、5%的水平上对高新技术产品产值有显著的影响，其中劳动力、固定资产存量、发明专利授权质量对高新技术产品产值有正向的显著性影响，发明专利授权数量对高新技术产品产值有负向的显著性影响。上述说明，提升广东发明专利授权数量已无法改善广东的技术转化状况，而广东发明专利授权质量将对广东的技术转化有较好的促进作用。

重点院校已成为广州创新体系中的重要创新主体。广州发明授权专利涉及的技术领域较为分散，未能实现在某个技术领域内形成核心技术能力。随着专利合作网络规模的扩大，网络密度呈现出逐渐松散的特征，网络内呈现出向中心聚集的效应。

第5章 广州专利密集型产业：
创新绩效与专利策略

本章首先明确专利密集型产业的内涵与特征，确定专利密集型产业的评价方法，筛选出广州的专利密集型产业，明确广州专利密集型产业与广州制造 2025 的内在关联，并定量分析专利密集型产业对广州的经济贡献。

5.1 广州专利密集型产业：识别与特征

5.1.1 专利密集型产业的内涵、特征及评价方法

1. 专利密集型产业的内涵

目前，学术界对于专利密集型产业的界定并不统一，比较权威的是 2012 年美国商务部发布的《知识产权与美国经济：产业聚焦》报告中对专利密集型产业的界定，即专利密集型产业是以专利为核心生产要素的产业，也是最直接依赖于专利保护的产业，分为专利密集型制造业和专利密集型服务业。其内涵具体体现如下。

（1）具有较强的创新能力。创新是新工具或新方法的应用，从而创造出新的价值。20 世纪 60 年代，随着新技术革命的迅猛发展，美国经济学家华尔特·罗斯托提出了"起飞"六阶段理论，将创新的概念发展为技术创新，把技术创新提高到创新的主导地位。汤森路透社发布的《全球创新报告》中，将专利作为衡量创新活动强度的一个重要指标，专利密集型产业作为以专利为核心生产要素的产业，也是关键技术和核心技术的主要生产载体，从劳动力的工资、受教育程度及

创新产出等方面来看，专利密集型产业具有较强的创新能力。在竞争激烈的劳动力市场中，工资紧密地与劳动者生产力联系在一起，受教育程度也是衡量劳动者能力和预期生产力的常见标准。根据美国商务部发布的《知识产权与美国经济：产业聚焦》，2010 年，专利密集型产业的就业人员平均每周的工资为 1407 美元，比同期的知识产权密集型产业的平均水平高 251 美元，比非知识产权密集型产业的平均水平高 592 美元。专利密集型产业的从业人员的受教育程度相对较高，2010年，在专利密集型产业中，38.7%的 25 岁及以上的从业人员拥有本科及以上学历，比非知识产权密集型产业高出 4.5 个百分点。《知识产权密集型产业对欧盟经济及就业的贡献》显示，2010 年专利密集型产业平均周工资为 831 欧元，比同期的知识产权密集型产业的平均水平高 116 欧元，比非知识产权密集型产业的平均水平高 324 欧元。此外，陈伟等（2015）研究发现，我国高专利密集型产业整体创新效率呈现上升趋势，技术效率得到较大的提高，但规模效率不高，由此抑制了整体创新效率的提高。需要指出的是，在二阶段创新效率体系中，专利是中间产出，因而并不能认为专利密集型产业是创新活动强度高或创新效率高的产业。而且，专利申请数量多的产业不一定是专利密集型产业，专利申请量较少的个别行业并不一定是非专利密集型产业，如飞机行业，虽然专利申请量较少，但其专利价值极高，可视为专利密集型产业。

（2）对整个经济社会有很强的带动性和引领性影响。专利密集型产业不仅能带动经济的快速增长，还具有显著的直接和间接就业效应，在整个产业经济中具有重要的战略性位置。根据美国商务部发布的《知识产权与美国经济：产业聚焦》，2010 年，知识产权密集型产业的增加值为 5.06 万亿美元，为美国贡献了 34.8%的GDP，其中，专利密集型产业对 GDP 的贡献率为 5.3%。知识产权密集型产业的出口额为 7750 亿美元，占美国商品总出口的 60.7%，知识产权密集型产业的商业进口为 13.36 亿美元，占整个美国商业进口的 69.9%，从 2000 年到 2010 年，知识产权密集型产业出口增长了 52.6%，而知识产权密集型产业进口增加了 61.6%。知识产权密集型产业直接提供的就业岗位为 2710 万个，间接提供的就业岗位为1290 万个，即每两个知识产权密集型产业的就业岗位就带动了 1 个非知识产权密集型产业的就业，共提供了 4000 万个就业岗位，占当年就业的 27.7%，其中，专利密集型产业直接提供的就业岗位为 390 万个，远低于商标密集型产业提供的就业岗位（2260 万个），但这并不能否认专利密集型对就业具有较强拉动作用的事实，理由如下。第一，专利密集型产业来自制造业，通常比服务部门具有较大的乘数效应，它比商标和版权密集型产业更依赖于外部供应链，间接支持相对大量的工作岗位，即专利密集型产业具有较大的间接就业效应。第二，制造业是受金融危机影响最大的行业，2010 年的数据并不能真实反映专利密集型产业的就业效应，事实上，2011 年的数据显示，专利密集型产业的就业增长 2.3%，比版权密集型产业低 0.1 个百分点，比知识产权密集型产业的平均水平高 0.7 个百分点，比非知识产权密集型产业的平均水平高 1.3 个百分点。来自欧盟的数据也支持专利密集型产业对整个经济社会有很强的带动性和引领性影响的结论。《知识产权密集型产业对欧盟经济及就业的贡献》显示，2008~2010 年，专利密集型产业的增加值为 17 044.85 亿欧元，占欧盟 GDP 总量的 39%；直接和间接创造的就业岗位分别为 2244 万个和 1274 万个，创造的总就业岗位占 2008~2010 年就业总量的 26%；专利密集型产业的出口额为 9577.48 欧元，占欧盟出口总量的 70.6%，进口额为 10 497.95 欧元，占欧盟进口总量的 68.6%。

（3）对提高国家或区域的国际竞争力具有战略意义。当今社会，国家或区域的国际竞争力越来越多地表现为产业竞争力，长期以来我国按照比较优势来安排产业结构，但先进产业不在我国，因此产业的国际竞争力弱；反观 20 世纪 50 年代以来创新型国家的发展，它们把科技创新作为基本战略，大幅度提高科技创新能力，形成了日益强大的国家竞争优势和国际话语权。在创新驱动发展背景下，技术进步模式要立足于自主创新，依靠原始创新和引进技术的再创新，形成具有自主知识产权的关键技术和核心技术。关键技术和核心技术的载体就是产业，因此，提升国家竞争力还需依靠产业创新，产业结构优化升级不是简单的下哪个产业、上哪个产业的问题，而是要由创新能力较强的产业来带动，专利密集型产业既是以专利为核心生产要素的产业，也是关键技术和核心技术的主要生产载体，因此专利密集型产业的发展本质上可以促进产业转型升级，提高产业和区域产业竞争力。

2. 专利密集型产业的特征

根据专利密集型产业的内涵，专利密集型产业具有以下特征。

（1）专利密集型产业对专利及专利保护的依赖程度较高。专利密集型产业是以专利为核心生产要素的产业，其在生产过程中，对专利的依赖程度要强于资本、劳动等一般生产要素，而且由于产生的专利具有一定的经济价值，极其需要专利制度的法律保护来激励专利密集型产业创新活动的进行和保障企业的相关经济利益。因此，相比于非专利密集型产业来说，专利密集型产业的专利密度（产业人均专利持有量）和专利强度（产业单位产值的专利持有量）较大。

（2）专利密集型产业主要集中在制造业领域。根据 2004~2008 年的数据，美国排名前十位的专利密集型产业分别是计算机及周边设备，通信设备制造业，半导体和电子元件制造业，其他计算机及电子产品，电子仪器制造业，电子设备、电器和组件，基本化学品制造业，医药制造业，其他杂项制造业和其他化工产品，专利强度数值最大的四个行业都属于计算机和电子产品制造业。在欧盟，2004~2008 年的专利密集型产业名单中，居主导地位的是制造业，前 20 个专利密集型程度最高的产业中，有 16 个是制造业，分别为电动手工工具制造，基本医药产品制造，其他化学制品制造，生物技术研究与实验开发，光学仪器及摄影器材制造，测量、检测及导航仪器和设备制造，家用电器制造，冶金机械制造，放射、电子医学及电子医疗设备制造，纺织、服装和皮革生产机械制造，其他有色金属生产，通信设备制造，电子元件制造，其他运输设备制造，工业气体制造，纸张和纸板制品机械制造，军用战车制造。根据《中国区域产业专利密集度统计报告》，从国民经济大类行业看，2008~2012 年，制造业是 12 个高专利密集型行业之一，从工业大类行业看，11 个高专利密集度产业中，9 个是制造业行业，分别是计算机、通信和其他电子设备制造业，其他制造业，医药制造业，专用设备制造业，仪器仪表制造业，通用设备制造业，烟草制品业，电气机械和器材制造业，化学原料和化学制品制造业；当然，专利密集型产业也可能是服务业行业，如 2008~2010 年，从大类行业来看，12 个高专利密集度行业中，有 9 个属于服务业，具体为科技推广和应用服务业，专业技术服务业，资本市场服务，渔业研究和试验发展，软件和信息技术服务业，其他服务业，电信、广播电视和卫星传输服务，管道运输业以及商务服务业等。

（3）具有较强的间接就业效应，能提供高质量的就业岗位。《知识产权与美国经济：产业聚焦》显示，和商标、版权密集型产业相比，专利密集型产业的直接就业效应并不一定大，尤其是在过去的 2000~2010 年，制造业经济投资不足，进入 21 世纪后，制造业生产能力处于停滞状态，在此期间美国制造行业失去了超过 300 万个就业岗位。2010 年，专利密集型产业集中在制造业直接提供的就业岗位为 390 万个，远低于商标密集型产业提供的就业岗位（2260 万个），但由于制造业通常比服务部门具有较大的乘数效应，它比商标和版权密集型产业更依赖于外部供应链，对外部产业能产生更大的影响，间接支持相对大量的工作岗位，即专利密集型产业具有较强的间接就业效应，预测数据显示，2010 年，专利密集型产业间接提供了 330 万个就业岗位，即每 1.2 个专利密集型产业的就业岗位就带动了 1 个其供应链相关其他行业的就业，而商标密集型行业带动 1 个其供应链相关其他行业的就业需要 1.72 个直接就业岗位，版权密集型行业需要 2.05 个。2008~2010 年，欧盟的专利密集型产业间接提供了 1274 万个就业岗位，即每 1.76 个专利密集型产业的就业岗位就带动了 1 个其供应链相关其他行业的就业，而商标密集型行业带动 1 个其供应链相关其他行业的就业需要 2.59 个直接就业岗位，版权密集型行业需要 3.02 个。专利密集型产业能提供高质量的就业岗位，专利密集型产业的从业人员普遍拥有较高的受教育水平和工资水平。

（4）具有较高的产业成长性。专利的拥有和应用与技术创新存在着较密切的联系，也应具有创新型产业科技投入水平高、发展速度快、产品竞争力强、经济效益水平高等特色。因此，专利密集型产业表现出很高的产业成长性。

3．专利密集型产业的评价方法

1）已有评价方法介绍

已有的专利密集型产业的评价方法旨在构造一个作为确定专利密集型产业的依据的指数，从而使对于专利密集型产业的分析由定性转为定量。

A．美国商务部的方法

2012 年，美国商务部发布的《知识产权与美国经济：产业聚焦》，用专利密度评价专利密集型产业，用五年内产业授权专利数与该产业这期间平均就业人数（以千人为单位）的比值来表示，并将专利密集型产业定义为专利密度高于平均水平的产业。

产业专利密集度的计算公式为

$$产业专利密集度 = \frac{产业五年内向企业授权的专利数}{产业五年内平均就业人数}$$

事实上，增加值和总产值是衡量产业规模的常用指标，但考虑到数据难以获取，该报告采取就业人数代表产业规模，关注产业内就业人员规模范畴下的产业专利密度。但该方法在分析产业专利密集度时主要考虑产业就业人员的数量规模，导致诸如汽车制造产业、航空产品和组建产业等产业尽管属于技术密集型产业，但是因这些产业就业人数众多，其专利密集度指数明显低于平均水平，排名靠后。需要指出的是，该份报告中的专利授权数仅仅关注了向美国企业授权的专利，这个量占 2004~2008 财政年度授权专利总量的 45%，占同时期美国申请人授权专利的 87%。

B．欧洲专利局和欧盟内部市场协调局的方法

2013 年 9 月，欧洲专利局（European Patent Office，EPO）和欧盟内部市场协调局（Office for Harmonization in the Internal Market，OHIM）联合发布的《知识产权密集型产业对欧盟经济及就业的贡献》（2014 年），采用了美国商务部的方法定义专利密集型产业，所不同的是欧盟选择的专利是 2004~2008 年在 EPO 和 OHIM 申请并随后（截止到 2013 年 2 月）获批授权的专利，即专利的申请是在 2004~2008 年提交的，但相应的授权日期则截止到 2013 年 2 月。同时，在经济分析中，考虑到创新往往都要在经过一段时间后才能产生经济效益，该报告采用了 3~4 年的时滞期。

C．WIPO 的方法

WIPO 从 2007 年开始发布《世界知识产权指标报告》，该报告的主要研究目的是分析各国知识产权局和世界区域范围的知识产权活动特点，统计分析各国或地区专利活动的趋势，挖掘专利申请数量增长或下降的深层原因。该报告中提供了一种基于多指标评估来综合评量一个国家或地区专利活动密集程度的方法。计

算方式如下：

$$专利活动密集度 = \frac{特定国家本国专利申请量}{GDP或R\&D投入}$$

由于该报告以国家或地区作为分析研究的基本对象，考察的主要是国家或地区层次的区域专利活动的密集程度，并没有对区域内各产业的专利活动密集度进行评价。

D. 经济合作与发展组织的方法

从 1999 年开始，经济合作与发展组织（Organization for Economic Cooperation and Development，OECD）每两年发布《OECD 科学技术和工业记分牌》研究报告，该报告主要利用经济数据、专利数据的相关指标，分析相关国家或地区的技术创新能力，进而研究相关国家或地区在科技方面的政策是否恰当。在 2009 年和 2011 年发布的报告中，均设计了与专利相关的若干分析指标，前者主要引入了分析相关国家或地区专利密集度的指标，后者在前者基础上进一步引入了分析相关国家或地区新企业专利申请密集度的指标，具体公式如下。

$$各国专利密集度 = \frac{各国申请的美国、日本、欧盟三方专利的量}{R\&D投入}$$

$$新企业平均专利申请量 = \frac{特定国家或地区的新企业专利申请总量}{该国或地区新企业总量}$$

E. 国内采用的方法

国内学者徐明和姜南（2013）用产业某年的专利申请量与从业人数的比值来评价专利密集型产业。国家知识产权局规划发展司（2013）依据某产业五年的发明专利授权数与该产业五年平均就业人数之比来认定高发明专利密集度产业，并延伸出了全国高专利密集度产业和地区高专利密集度产业两个重要的概念，这一方法被陈伟等（2015）采用。实际上，由于我国统计数据库的建设起步较晚，相关的详细数据较少，且尚缺乏像美国和欧洲那样将专利与产业直接匹配的数据库。因此，为了构建一个较为完备的评价方法，姜南等（2014）联合使用了四种方法对专利密集型产业进行认定，专利数据采用产业发明专利申请数或产业发明专利存量，经济数据采用产业总产值或产业从业人数，利用专利数据与经济数据的比值来计算产业专利密度，计算四年，评价出每年的专利密集型产业，最终将获得次数较高的产业定义为专利密集型产业。

国家知识产权局规划发展司（2015）对专利密集型产业的界定进行了调整，明确了界定的原则：第一，达到一定的专利密集度，将专利密集度高于平均专利密集度的产业（行业）界定为专利密集型产业。第二，具有一定的专利规模，根据专利密集度筛选出的专利密集型产业应该去除专利产出规模过小的行业。第三，具有较强的产业引导性，如应与具有时代特色和发展前景的战略性新兴产业、中国制造 2025、高技术制造业、产业关键共性技术等存在密切联系。第四，具有较高的产业成长性。

不难发现，美国专利商标局、EPO 和 OHIM 的方法、WIPO、OECD 及国内相关部门或学者对专利密集型产业的评价中，无论是产业专利密集度，还是国家或地区专利密集度，其基本思路都是根据设定的专利密集度指标，通过计算单位规模（产值规模、就业规模或 R&D 投入规模）下的专利量（申请量或授权量），进而获得研究对象的专利密集度。不同的是，国家知识产权局结合了专利密集型产业应有的特征，在单纯考虑专利密集度的基础上进行了完善。

2）本书关于专利密集型产业评价方法的考量

本书着重研究广州专利密集型产业，目的在于通过科学的评价方法，对广州各产业可能受到专利影响或作用的程度做出宏观的评估和表征，并据此找出受专利影响或作用较为明显的专利密集型产业。在评价方法上采用国家知识产权局的方法，即先用产业五年内发明专利授权数与产业五年内平均就业人数的比值来计算产业发明专利密度，将产业发明专利密度高于国民经济行业平均水平定义为发明专利密集型产业，反之称为非发明专利密集型产业。产业发明专利密度的计算公式如下。

$$产业发明专利密度 = \frac{产业五年内发明专利授权数}{产业五年内平均就业人数}$$

之所以使用发明专利，是因为发明专利是三种专利中技术含量最高的专利，这也是美国研究报告中所采用的标准。

在计算出各产业发明专利密度的基础上，剔除掉发明专利授权五年合计小于所有行业五年合计的平均值的行业，目的是除去专利产出规模较小的行业。因为有些行业的发明专利密集度很高，但发明专利授权数却很低。最后通过专家打分增补专利密集度较低但是产业的引领性和成长性较高的行业作为专利密集型行业。

确定上述评价方法，是基于以下几点考虑的。

第一，评价方法须具有科学性。专利密集型产业是对专利要素依赖性强于其他要素的产业，直接依据专利总量的排序来评价专利密集型产业的方法显然是不科学的，因为对专利要素依赖性较强的产业与有较高专利存量的产业间没有必然的联系。项目选取方法的科学性体现在四个方面，①专利密度指标计算的是相对于产业规模的专利量，用于评价专利密集型产业符合实际情况，较为科学。②产业规模的衡量采用就业规模而不是总产值规模，根据就业来划分专利数是为了使代表产业规模的专利活动标准化，确保评价结果不受产业规模的影响。通过这种方法计算得出的专利密集度最高的产业是每个职位产出专利数最多的产业，而不是拥有专利数最多的产业，更为符合实际情况。③选取五年的数据，而不是一年的数据，从而可以减小偶然性因素对整体结果造成的影响，使得结果与实际情形无太大出入，因而更具科学性。④该方法为美国商务部、EPO 和 OHIM 与我国知识产权局规划发展司等权威机构所采用，也是广大国内外学者广泛采用的方法。

第二，评价方法符合国情和省情。由于中国专利制度起步晚、历史短，国内产业界长期处于专利意识淡薄的状态，直至加入世界贸易组织以后，尤其是国家知识产权战略实施推进以来，专利意识才显著提升。2015 年，我国发明专利申请受理量达到 110.2 万件，同比增长 18.7%，连续 5 年居世界首位，这说明我国自主创新能力和企业的竞争力都有所提升，对于知识产权保护的重视程度也在提高。不可忽视的是，我国专利的数量虽然较多，但是质量并不高，还远不是专利强国。因此对专利密集型产业的评价要反映出我国专利质量的现状，用就业人数来衡量产业规模，计算专利密度，筛选出专利密集型产业，可以通过计算专利密集型产业的产值贡献率反映专利质量和核心专利对经济的贡献。如果用总产值规模衡量产业规模，筛选出的专利密集型产业都是专利的产出贡献较大的产业，不利于判断和揭示我国专利质量现状。

第三，评价方法具有可操作性，研究结论具有可比性。衡量产业规模的指标众多，包括附加值、总销售额、总产值、就业人数等，相比之下，产业就业人数的公开数据较多，也比较全面，可获得性较强。同时，该方法在国内外学者研究中广泛采用，从而使本书研究结果具有足够的可比性。

5.1.2　广州的专利密集型产业及其与广州制造 2025 的内在关联

1. 广州专利密集型产业的确定

1）数据和方法说明

本项目采集数据的时间范围为 2008~2014 年，采集的数据主要有两类，一是专利数据，在 incoPat 专利商用数据库下载得到，数据下载的时间为 2016 年 10 月 11 日。二是国民经济行业数据，包括国民经济行业大类、中类和小类的就业人员数、生产总值、增加值等数据，取自历年的《广东工业统计年鉴》《广州统计年鉴》《广东经济普查年鉴》等。

其相关数据处理如下。

第一，国民经济行业分类的统一。2011 年 4 月，原国家质量监督检验检疫总局和国家标准化管理委员会批准了由国家统计局修订的国家标准《国民经济行业分类》（GB/T4754—2011）。本书的时间跨度为 2008~2014 年，需要将 2002 年和 2011 年的行业分类进行对接。所以本书以 GB/T4754—2011 中的数据的标准就行业分类为标准，依据新旧行业代码对照表，将 2008~2011 年的旧行业分类数据转化为新行业分类数据。

第二，增加值按收入法核算。本书将采取收入法来核算增加值，即增加值=劳动者报酬+生产税净额+固定资产折旧+营业盈余。

第三，专利数据与国民经济行业数据的对接。美国专利商标局的技术分类系统与北美产业分类系统代码基本一致，因此其在认定专利密集型产业时相对容易；欧盟 BvD（Bureau van Dijk）公司开发的全球企业数据库 ORBIS 记录了欧盟工业分类标准代码，将其与 OHIM 和 EPO 的知识产权官方登记簿数据库进行匹配即可得到各产业的专利信息。而我国由于缺乏类似 ORBIS 的大型商业数据库，本书的难点在于将 IPC 分类与我国国民经济行业分类进行分配。本书采用国家知识产权局规划发展司和中国专利技术开发公司 2015 年 12 月的研究成果《国际专利分类与国民经济行业分类参照关系表（试用版）》，依据国民经济行业分类划分专利技术，实现专利与产业的对接，进而确定专利密集型产业。

第四，专利计数法。一项专利可能会对应多个产业，因此在计算每一个产业拥有的专利数目时有两种选择——整体计数和分数计数。采用整体计数时，每项专利在其对应的各个产业专利数目核算时都按 1 核算；采用分数计数时，要先将每件专利按照与之相联系的产业数进行划分，如果某一专利同时应用于 n 个产业，那么该项专利在其对应的各个产业专利数目核算时都按 $1/n$ 核算。为了避免重复计算，本书采用按分数计数计算专利总数，这也是美国商务部和欧盟研究报告中采用的方法。

需要说明的是，本书就业人口的统计口径采用总就业人口，而非城镇单位就业人口。由于专利数据的统计是覆盖了行业中所有的企业，包括城镇单位和非城镇单位，用城镇单位就业人员衡量产业规模，进而计算专利密度是不合适的，因此，本书采用总就业人口数，而且这也是《知识产权密集型产业对欧盟经济及就业的贡献》和《知识产权与美国经济：产业聚焦》中采用的方法。此外，本书对于专利密集型产业的确定是采用国家知识产权局规划发展司和中国专利技术开发公司 2015 年 12 月的研究成果《国际专利分类与国民经济行业分类参照关系表（试用版）》，依据国民经济行业分类划分专利技术，实现专利与产业的对接，进而确定专利密集型产业。《中国区域产业专利密集度统计报告》采用的并不是该标准，因此，本书确定出来的专利密集型产业及其经济指标会与《中国区域产业专利密集度统计报告》出现不一致的地方。

2）广州发明专利密集型产业的确定

为了解不同行业层面的发明专利密集型产业，本书对三次产业分类，国民经济行业门类、大类都进行了分析。

（1）在三次产业中，第二产业为发明专利密集型产业，专利密度为 26.09 件/万人。

从三次产业看，2010~2014 年，广州三次产业平均发明专利密集度为 10.95 件/万就业人口，其中，发明专利密集型产业为第二产业，其发明专利密度为 26.09 件/万就业人口，非发明专利密集型产业为第一产业、第三产业，其平均的发明专利密度为 1.98 件/万就业人口。

从变化趋势来看，三次产业平均的发明专利密度呈现上升趋势，从 2008~2012 年的 8.52 件/万就业人口，上升到 2010~2014 年的 10.95 件/万就业人口；发明专利密集型产业在三次产业间的分布没有明显的变化，三个时间段内第二产业都是发明专利密集型产业；发明专利密集型产业的专利密度上升明显，从 2008~2012 年的 19.11 件/万就业人口增加到 26.09 件/万就业人口（表 5-1）；与此同时，非发明专利密集型产业的专利密度出现了小幅上升，从 2008~2012 年的 1.7 件/万就业人口，增加到 2010~2014 年的 1.98 件/万就业人口，从而，发明专利密集型产业与非发明专利密集型产业平均专利密度的差距呈现明显的扩大趋势。

表5-1　广州三次产业的发明专利密集度　　　　　　单位：件/万就业人口

产业类型	2008~2012 年	产业类型	2009~2013 年	产业类型	2010~2014 年
第二产业	19.11	第二产业	24.52	第二产业	26.09
平均值	8.52	平均值	10.58	平均值	10.95
第三产业	1.95	第三产业	2.29	第三产业	2.18
第一产业	0.43	第一产业	0.61	第一产业	0.77

（2）20 个门类中，电力、煤气及水的生产和供应业，制造业，居民服务和其他服务业等 3 个门类为发明专利密集型产业，专利密度为 28.06 件/万人。

从国民经济行业门类看，2010~2014 年，20 个门类中电力、煤气及水的生产和供应业，采矿业，制造业，居民服务和其他服务业等 4 个门类的发明专利密度高于 20 个门类的平均水平，分别为 102.31、123.85、26.85 和 23.19 件/万就业人口，但鉴于采矿业 2010~2014 年的发明专利授权数仅为 51 件，在 20 个门类中最少，将其剔除，其余 3 个门类为发明专利密集型产业，其平均发明专利密度为 28.06 件/万就业人口，非发明专利密集型产业为 0.83 件/万就业人口（表 5-2）。

表5-2　广州国民经济行业门类的发明专利密集度　　　单位：件/万就业人口

2008~2012 年		2009~2013 年		2010~2014 年	
行业	发明专利密集度	行业	发明专利密集度	行业	发明专利密集度
电力、煤气及水的生产和供应业	74.83	电力、煤气及水的生产和供应业	95.95	采矿业	123.85
采矿业	51.01	采矿业	76.68	电力、煤气及水的生产和供应业	102.31
制造业	20.04	制造业	25.55	制造业	26.85
居民服务和其他服务业	19.34	居民服务和其他服务业	23.48	居民服务和其他服务业	23.19
信息传输、计算机服务和软件业	9.99	平均值	10.58	平均值	10.95
平均值	8.52	信息传输、计算机服务和软件业	9.09	信息传输、计算机服务和软件业	7.25
建筑业	2.06	建筑业	2.91	建筑业	3.55
农、林、牧、渔业	0.43	农、林、牧、渔业	0.60	农、林、牧、渔业	0.75

注：《国民经济行业分类（GB/T4754—2011）》中共有 20 个门类，此表中未列出发明专利密度为 0 的门类

从变化趋势来看，发明专利密集型产业在国民经济门类间的分布没有明显的变化，三个时间段内电力、煤气及水的生产和供应业，制造业，居民服务和其他服务业都是发明专利密集型产业，只是 2008~2012 年，信息传输、计算机服务和软件业也属于发明专利密集型产业，发明专利密集型产业的专利密度呈现上升趋势，从 2008~2012 年的 20.39 件/万就业人口，上升到 2010~2014 年的 28.06 件/万就业人口。非发明专利密集型产业的专利密度上升较慢，从 2008~2012 年的 0.24 件/万就业人口，上升到 2010~2014 年的 0.83 件/万就业人口。

（3）96 个大类行业中，19 个大类行业是发明专利密集型产业，占大类行业总数的 19.79%，其平均发明专利密度为 47.28 件/万人。

2010~2014 年，广州各行业平均发明专利密度为 10.95 件/万就业人口（广东经济各行业平均发明专利密度为 4.44 件/万就业人口），其中，煤炭开采和洗选业，黑色金属矿采选业，开采辅助活动，其他采矿业，金属制品、机械和设备修理业，化学纤维制造业，仪器仪表及文化、办公用机械制造业，专用设备制造业，电力、热力的生产和供应业，机动车、电子产品和日用产品修理业，非金属矿采选业，石油和天然气开采业，医药制造业，废弃资源和废旧材料回收加工业，通用设备制造业，化学原料及化学制品制造业，烟草制品业，非金属矿物制品业，水的生产和供应业，农副食品加工业，通信设备、计算机及其他电子设备制造业，电气机械及器材制造业，软件和信息技术服务业，土木工程建筑业，木材加工及木、竹、藤、棕、草制品业，石油加工、炼焦及核燃料加工业等 26 个大类行业的发明专利密度高于平均水平。

据前述界定专利密集型产业的标准，对专利密集型产业进行如下调整：第一，

剔除掉专利密集度较高但发明专利规模很小的行业。2010~2014 年，广州国民经济行业发明专利授权数为 25 289 件，96 个国民经济大类行业的平均发明专利授权数为 263 件，剔除掉 96 个行业发明专利授权数第三四分位数之前即发明专利授权数少于 141 件的行业，包括煤炭开采和洗选业、黑色金属矿采选业、开采辅助活动、其他采矿业、非金属矿采选业、石油和天然气开采业、废弃资源和废旧材料回收加工业、烟草制品业、木材加工及木、竹、藤、棕、草制品业、石油加工、炼焦及核燃料加工业等 10 个行业，这些行业 2010~2014 年的发明专利授权数分别为 0 件、0 件、2 件、21 件、8 件、62 件、95 件、69 件、68 件，因为就业人口非常少，所以计算出的发明专利密集度较高。第二，根据专家对产业的引领性和成长性的打分，同时参考我国专利密集型产业界定方法及产业目录研究报告，增补发明专利密度低于平均水平但是发明专利规模较大或发明专利增长较快的行业，将金属制品业、汽车制造业、铁路、船舶、航空航天和其他运输设备等 3 个行业列为专利密集型产业，2010~2014 年其发明专利授权数分别为 527 件、174 件、176件，三个行业发明专利授权量平均每年增长 32.9%、37.95% 和 25.11%。最终确定出 19 个大类行业为发明专利密集型产业（表 5-3），占大类行业总数的 19.79%，发明专利密集型产业主要集中在工业，19 个行业中有 16 个行业（其中，制造业有 14 个）为工业。19 个行业平均发明专利密度为 47.28 件/万就业人口，明显高于非发明专利密集型产业的 0.95 件/万就业人口。

表5-3　2010~2014年广州发明专利密集型产业

行业名称	大类行业代码	2010~2014 年专利授权数/件	2010~2014 年专利密集度/（件/万就业人口）
农副食品加工业	13	298	27.84
化学原料及化学制品制造业	26	4194	57.11
医药制造业	27	2141	84.82
化学纤维制造业	28	249	368.47
非金属矿物制品业	30	620	30.18
金属制品业（增补）	33	527	10.41
通用设备制造业	34	3167	65.39
专用设备制造业	35	3789	159.58
汽车制造业（增补）	36	174	1.69
铁路、船舶、航空航天和其他运输设备（增补）	37	176	4.01
电气机械及器材制造业	38	1242	14.35
通信设备、计算机及其他电子设备制造业	39	3091	17.19
仪器仪表及文化、办公用机械制造业	40	6537	362.85
金属制品、机械和设备修理业	43	5359	666.14
电力、热力的生产和供应业	44	2850	138.96

续表

行业名称	大类行业代码	2010~2014年专利授权数/件	2010~2014年专利密集度/（件/万就业人口）
水的生产和供应业	46	184	29.32
土木工程建筑业	48	258	13.06
软件和信息技术服务业	65	871	14.05
机动车、电子产品和日用产品修理业	80	3343	133.91

从变化趋势来看，发明专利密集型产业在国民经济行业大类中的行业分布变化不大，食品制造业 2008~2012 年、2009~2013 年是发明专利密集型行业，2010~2014 年变为非发明专利密集型行业，同期，土木工程建筑业由非发明专利密集型行业变为发明专利密集型行业，发明专利密集型产业的大类行业总数比较稳定，2008~2012 年高于平均发明专利密度的大类行业有 24 个，其中，剔除掉了专利密集度高于平均水平，但是专利规模低于 96 个行业发明专利受权数第三四分位数之前即发明专利授权数少于 89 件的 8 个行业，煤炭开采和洗选业、黑色金属矿采选业、开采辅助活动、其他采矿业、石油和天然气开采业、废弃资源和废旧材料回收加工业、非金属矿采选业及烟草制品业，增补了金属制品业，铁路、船舶、航空航天和其他运输设备，汽车制造业等 3 个行业，最终确定了 19 个行业为专利密集型行业，其平均发明专利密度为 37.78 件/万就业人口，77 个非发明专利密集型行业的平均专利密度为 0.66 件/万就业人口；2009~2013 年高于平均发明专利密度的大类行业有 24 个，剔除掉专利规模低于 96 个行业发明专利授权数第三四分位数之前即发明专利授权数少于 122 件的行业 8 个行业，包括煤炭开采和洗选业、黑色金属矿采选业、开采辅助活动、其他采矿业、非金属矿采选业、废弃资源和废旧材料回收加工业、石油和天然气开采业、烟草制品业等 8 个行业，增补金属制品业，铁路、船舶、航空航天和其他运输设备，汽车制造业等 3 个行业，最终确定 19 个行业为专利密集型产业，其平均发明专利密度为 46.13 件/万就业人口，77 个非发明专利密集型行业的平均专利密度为 0.82 件/万就业人口（表 5-4）。

表5-4　2008~2013年广州发明专利密集型产业

2008~2012 年			2009~2013 年		
行业名称	专利授权数/件	专利密集度/（件/万就业人口）	行业名称	专利授权数/件	专利密集度/（件/万就业人口）
农副食品加工业	221	21.78	农副食品加工业	273	26.19
食品制造业	408	11.03	食品制造业	461	11.27
化学原料及化学制品制造业	3242	45.91	化学原料及化学制品制造业	4010	54.85
医药制造业	1850	87.12	医药制造业	2180	94.96

2008~2012 年			2009~2013 年		
行业名称	专利授权数/件	专利密集度/（件/万就业人口）	行业名称	专利授权数/件	专利密集度/（件/万就业人口）
化学纤维制造业	185	265.37	化学纤维制造业	232	345.08
非金属矿物制品业	470	20.63	非金属矿物制品业	572	26.89
金属制品业	330	6.08	金属制品业	466	9.00
通用设备制造业	2139	48.85	通用设备制造业	2824	62.86
专用设备制造业	2720	107.95	专用设备制造业	3490	144.08
汽车制造业	135	1.50	汽车制造业	174	1.83
铁路、船舶、航空航天和其他运输设备	113	2.92	铁路、船舶、航空航天和其他运输设备	143	3.45
电气机械及器材制造业	918	10.79	电气机械及器材制造业	1212	14.35
通信设备、计算机及其他电子设备制造业	2772	16.09	通信设备、计算机及其他电子设备制造业	3221	18.50
仪器仪表及文化、办公用机械制造业	4832	224.04	仪器仪表及文化、办公用机械制造业	6206	317.13
金属制品、机械和设备修理业	3926	462.80	金属制品、机械和设备修理业	5049	643.81
电力、热力的生产和供应业	2083	102.51	电力、热力的生产和供应业	2683	131.00
水的生产和供应业	113	17.74	水的生产和供应业	147	23.35
软件和信息技术服务业	691	18.14	软件和信息技术服务业	878	17.36
机动车、电子产品和日用产品修理业	2733	111.69	机动车、电子产品和日用产品修理业	3367	135.57

（4）工业平均发明专利密度为 28.64 件/万人，13 个工业大类是发明专利密集型行业，占工业行业总数的 31.70%，其平均的发明专利密度为 48.21 件/万人。

2010~2014 年，广州工业平均发明专利密度为 28.64 件/万就业人口，在 41 个工业大类中，煤炭开采和洗选业，黑色金属矿采选业，开采辅助活动，其他采矿业，金属制品、机械和设备修理业，化学纤维制造业，仪器仪表及文化、办公用机械制造业，专用设备制造业，电力、热力的生产和供应业，非金属矿采选业，石油和天然气开采业，医药制造业，废弃资源和废旧材料回收加工业，通用设备制造业，化学原料及化学制品制造业，烟草制品业，非金属矿物制品业，水的生产和供应业等行业的发明专利密集高于工业行业平均水平，根据前述的调整原则，剔除掉了煤炭开采和洗选业，黑色金属矿采选业，开采辅助活动，其他采矿业，化学纤维制造业，非金属矿采选业，石油和天然气开采业，废弃资源和废旧材料回收加工业，烟草制品业，水的生产和供应业等行业，同时增加通信设备、计算机及其他电子设备制造业，电气机械及器材制造业，金属制品业，铁路、船舶、航空航天和其他运输设备，汽车制造业等行业，最终确定 13 个行业为专利密集型工业行业，占工业行业总数的 31.70%，其平均的发明专利密度为 48.21 件/万就业人口，28 个非发明专利密集型工业的平均专利密集度为 4.83 件/万就业人口（表 5-5）。

表5-5　2010~2014年广州发明专利密集型工业

行业名称	大类行业代码	2010~2014 年专利授权数/件	2010~2014 年专利密集度/（件/万就业人口）
化学原料及化学制品制造业	26	4194	57.11
医药制造业	27	2141	84.82
非金属矿物制品业	30	620	30.18
金属制品业	33	527	10.41
通用设备制造业	34	3167	65.39
专用设备制造业	35	3789	159.58
汽车制造业	36	174	1.69
铁路、船舶、航空航天和其他运输设备	37	176	4.01
电气机械及器材制造业	38	1242	14.35
通信设备、计算机及其他电子设备制造业	39	3091	17.19
仪器仪表及文化、办公用机械制造业	40	6537	362.85
金属制品、机械和设备修理业	43	5359	666.14
电力、热力的生产和供应业	44	2850	138.96

2. 广州专利密集型产业与广州制造 2025

根据《广州制造 2025 战略规划》中的重点领域和方向，在 13 个专利密集型工业大类中，除了电力、热力的生产和供应业外，其余 12 个行业均是广州制造 2025 重点发展的领域和方向。由于没有广州工业中各类行业的就业人口及增加值等数据，因此，没办法进行中类行业的对应（表 5-6）。

表5-6　专利密集型工业行业与广州制造2025重点领域和方向的对应关系

专利密集型工业行业		与专利密集型工业行业对应的广州制造 2025 重点领域和方向
行业代码	行业名称	
26	化学原料及化学制品制造业	节能与新能源汽车 新材料与精细化工 生物医药与健康医疗
27	医药制造业	生物医药与健康医疗
30	非金属矿物制品业	节能与新能源汽车 能源及环保装备 新材料与精细化工

专利密集型工业行业		与专利密集型工业行业对应的广州制造 2025 重点领域和方向
行业代码	行业名称	
33	金属制品业	节能与新能源汽车 新材料与精细化工
34	通用设备制造业	智能装备及机器人 航空与卫星应用 轨道交通 节能与新能源汽车 能源及环保装备
35	专用设备制造业	新一代信息技术 智能装备及机器人 航空与卫星应用 高端船舶与海洋工程装备 节能与新能源汽车 能源及环保装备 新材料与精细化工 生物医药与健康医疗
36	汽车制造业	节能与新能源汽车
37	铁路、船舶、航空航天和其他运输设备	航空与卫星应用 高端船舶与海洋工程装备 轨道交通 节能与新能源汽车
38	电气机械及器材制造业	新一代信息技术 轨道交通 节能与新能源汽车 能源及环保装备 新材料与精细化工
39	通信设备、计算机及其他电子设备制造业	新一代信息技术 节能与新能源汽车 新材料与精细化工 生物医药与健康医疗
40	仪器仪表及文化、办公用机械制造业	新一代信息技术 智能装备及机器人 航空与卫星应用 节能与新能源汽车 生物医药与健康医疗
43	金属制品、机械和设备修理业	航空与卫星应用 高端船舶与海洋工程装备 轨道交通
44	电力、热力的生产和供应业	

5.1.3　广州专利密集型产业的经济贡献

1. 发明专利密集型产业的贡献

1）发明专利密集型产业占广州增加值的 27%

2010~2014 年，广州发明专利密集型产业增加值合计为 1.75 万亿元[①]，占同期广州增加值的 27%。从变化趋势来看，2010~2014 年，广州发明专利密集型产业增加值平均每年增长 9.8%，略低于同期 96 个行业的平均水平 10.49%，比 77 个非专利密集型产业的平均速度低 0.96 个百分点，从而导致专利密集型产业对经济的贡献略有下降，其产值比重从 2010 年的 27.48% 下降到了 2014 年的 26.79%。

2）发明专利密集型产业平均每年创造 165.28 万个就业岗位，占广州年平均就业的 21.59%

2010~2014 年，广州发明专利密集型产业平均每年创造 165.28 万个就业岗位，占广州年平均就业比重的 21.59%。从变化趋势来看，2010~2014 年，广州发明专利密集型产业就业比重平均每年增长 2.25%，而同期 96 个行业的就业吸纳能力在减弱，年均减少 0.14%，77 个非专利密集型产业的就业比重平均每年下降 0.79%，从而，专利密集型产业对就业的贡献逐渐加大，其就业比重从 2010 年的 20.80% 上升到了 2014 年的 21.12%。

3）发明专利密集型产业平均的劳动生产率为 21.22 万元/人，高于全部产业的平均水平（16.97 万元/人）

数据表明，2010 年发明专利密集型产业以占 20.80% 的就业人口创造了广州 27.48% 的产值，2014 年以 21.12% 的就业人口创造了 26.79% 的产值，表明发明专利密集型产业的从业人员平均生产效率明显高于广州的平均水平，也高于非发明专利密集型产业的平均水平。2010~2014 年，发明专利密集型产业平均的劳动生产率为 21.22 万元/人，明显高于非发明专利密集型产业的水平（15.80 万元/人）。从变动趋势看，发明专利密集型产业的劳动生产率呈现上升趋势，从 2010 年的 17.54 万元/人上升到 2014 年的 23.33 万元/人，同期，非发明专利密集型产业的劳动生产率也呈现上升趋势，从 12.16 万元/人上升到 18.89 万元/人，不难看出，发明专利密集型产业与非发明专利密集型产业的劳动生产率差距在缩小，从而导致了发明专利密集型产业对产值的贡献略微减小。

2. 发明专利密集型工业的贡献

以下重点介绍发明专利密集型工业的贡献，一是由于工业是发明专利产出规

---

① 文中均采用 2008 年为基期的可比价。

模最大的部门，二是由于工业行业相关经济指标比较齐全，数据获取相对准确、便捷，三是广州规模以上工业企业在经济尤其在工业中占据重要地位，2014 年规模以上工业企业的从业人员占工业从业人员的 60.22%，占全部从业人员的 20.13%；其增加值占工业增加值的 93.14%，占三次产业增加值的 28.27%（当年价）。需要说明的是，工业行业的相关经济指标数据来自《广州统计年鉴》，2008~2010 年规模以上工业的统计口径为年主营业务收入 500 万元以上的工业企业，低于 500 万元的国有工业企业不包括在内；2011 年起，规模以上工业的统计口径为年主营业务收入 2000 万元及以上工业法人企业。

1）发明专利密集型工业占工业增加值的 69.63%

2010~2014 年，广州发明专利密集型工业增加值合计为 1.47 万亿元，占同期工业增加值的 69.63%。从变化趋势来看，2010~2014 年，广州发明专利密集型工业平均每年增长 8.10%，同期工业的平均水平为 8.18%，30 个非专利密集型工业的增加值增长 8.35%，从而，专利密集型工业在工业及国民经济的贡献逐渐减弱，其产值在工业中的比重从 2010 年的 70.77%下降到了 2014 年的 70.59%，其产值在国民经济中的比重从 2010 年的 24.06%下降到了 2014 年的 22.05%。

2）发明专利密集型工业平均每年创造 84.50 万个就业岗位，占广州工业就业的 54.82%

2010~2014 年，广州发明专利密集型工业平均每年创造 84.50 万个就业岗位，占广州工业就业的 54.82%。从变化趋势来看，2010~2014 年，广州发明专利密集型工业就业吸纳能力在减弱，平均每年减少 0.61%，同期 30 个非专利密集型工业的就业平均每年下降 6.18%，从而，专利密集型工业对就业的贡献逐渐加大，其就业在工业中的比重从 2010 年的 52.35%上升到了 2014 年的 58.05%。

3）发明专利密集型工业劳动生产率为 34.74 万元/人，高于工业平均水平（27.35 万元/人）

数据显示，广州发明专利密集型工业的从业人员平均生产效率高于非发明专利密集型工业。2010~2014 年，工业行业的平均劳动生产率为 27.35 万元/人，其中，发明专利密集型工业平均的劳动生产率为 34.74 万元/人，明显高于非发明专利密集型工业的水平（18.38 万元/人）。从变动趋势来看，发明专利密集型工业的劳动生产率呈现明显的上升趋势，从 2010 年的 28.97 万元/人上升到 2014 年的 40.56 万元/人，同期，非发明专利密集型工业的劳动生产率也呈现上升趋势，从 2010 年的 13.15 万元/人上升到 2014 年的 23.39 万元/人。

4）发明专利密集型工业平均每百元主营业务投入可产生的利润为 9.68 元，高于平均水平（7.80 元）

2010~2014 年，广州工业亏损企业占全部企业比重有所下降，从 2010 年的 15.21%下降到 2014 年的 14.16%，发明专利密集型工业亏损企业的比例从 2010 年

的 16.12%下降到 2014 年的 14.16%，非发明专利密集型工业从 2010 年的 14.28%
下降到 2014 年的 14.16%，可以看出，虽然 2010~2014 年发明专利密集型工业亏
损企业的比例略高于非发明专利密集型工业，但是到 2014 年二者大体持平。

　　从成本费用利润率[①]来看，2010~2014 年，广州工业行业平均每百元主营业务
投入可产生的利润为 7.80 元，发明专利密集型工业为 9.68 元，明显高于非发明专
利密集型工业（3.91 元）。由此表明，发明专利密集型工业与非发明专利密集型工
业相比更具盈利能力。从变动趋势来看，广州工业行业平均的成本费用利润率略
有下降，发明专利密集型工业从 2010 年的 11.56%降到 2014 年的 9.31%，非发明
专利密集型工业平均成本费用利润率下降幅度相对较小，从 2010 年的 4.72%下降
到 2014 年的 4.29%。

　　5）发明专利密集型工业对工业出口的贡献率为 76.92%

　　2014 年，发明专利密集型工业出口交货值为 0.24 万亿元，占全部工业出口交
货值的 76.92%，由此表明，发明专利密集型工业是广州工业出口的主体。从变动
趋势来看，广州工业行业出口交货值呈现上升趋势，2010~2012 年平均每年增长
1.48%，2012~2014 年上升到 5.34%，但这主要得益于专利密集型工业出口的快速
增长，专利密集型工业行业出口交货值的增长速度从 2010~2012 年的 1.51%上升
到 2012~2014 年的 6.04%，而同期非发明专利密集型工业的出口交货值虽然在增
长，但是增长速度相对较为缓慢，从 2010~2012 年的 1.41%上升到 2012~2014 年
的 3.09%，相对增长速度的差异导致发明专利密集型工业出口交货值比重从 2012
年的 75.90%上升到 2014 年的 76.92%。

5.2　广州专利密集型产业创新绩效：评估与影响因素

　　本部分在明确创新绩效内涵的基础上，确定创新绩效评价的方法，对广州专
利密集型产业的创新绩效进行评价，并进一步分析影响创新绩效的因素。

---

　　① 成本费用利润率是一定时期内的利润总额与成本总额的比例，反映经济效益的收益性，表明每付出一元成
本费用可获得的利润，体现了经营耗费所带来的经营成果，该指标值越高，反映企业的经济效益越好。本章鉴于
数据的可获得性，采用主营业务成本与利润总额的对比。

5.2.1 创新绩效的评价

要提高专利密集型产业的创新绩效，对其进行科学、合理的评价是一个不可或缺的重要环节。

1. 创新绩效的内涵

为抓住新一轮科技革命的机遇，落实我国以创新为驱动的发展战略，广州作为珠江三角洲区域的创新中心，必须增强创新能力，提高创新绩效，正确识别和把握创新绩效的内涵是客观评价创新绩效状况的基础和前提。然而，目前对创新绩效没有统一的定义，通过对已有文献的梳理，可以发现对创新绩效的理解，需要把握以下几个方面。

第一，创新绩效主要体现在创新效率的高低上。刘满凤（2005）提出，技术创新绩效是指给定创新系统一定投入所得到的效果和生产效率的提高。庞瑞芝等（2009）把创新绩效定义为创新效率，并运用价值链模型对中国工业行业1997~2005 年的创新效率进行测算，发现我国工业行业在创新价值链上存在的问题并提出政策建议。何伟艳（2012）认为企业或行业在一定的时间、创新资源和环境下的产出效果与投入产出转化效率，即为技术创新绩效。创新投入的大力增加并不一定能够带来预想的科研产出和经济效益，面对创新资源稀缺的状况，创新效率的高低将会在很大程度上决定创新绩效，因此对创新绩效的衡量，不能忽视创新效率。

第二，创新绩效不仅需要关注创新结果，也需要关注创新过程。Woerter 和Roper（2010）提出，创新生产是一系列功能性创新活动和实施阶段运营的总和，被认为是一个连续的过程，且由多个相关联的子过程组成；Hansen 和 Birkinshaw（2007）认为，许多创新活动的失败通常是由于没有认识到创新是一个链条，需要加强每一个子过程的管理以获取成功。产业技术创新是一个复杂的系统工程，初期的研发投入、中期的科技产出及最后的经济转化过程紧密相连，缺一不可。技术创新活动可看作由知识创新和科技成果商业化两阶段完成。第一阶段为大学、科研院所及企业开展的知识创新过程，它是科技创新资源向技术成果转化的转换环节（余泳泽，2009），该阶段的运行与研究、开发、测试及干中学等活动密切相关；第二阶段则是以企业为主导的科技成果商业化过程，它是科技成果向经济效益转化的重要过程，该阶段的运行与营销、商业策划及制造等经济活动有关（Guan and Chen，2010）。高健（2004）认为，好的技术创新管理对企业的技术创新产出很重要。基于这个理念，他重构了一个技术创新绩效评价概念模型，将技术创新绩效分成两个部分（产出绩效和过程绩效）进行考察。产出绩效指技术创新的最终产出和产出效率，其反映了企业技术创新绩效的贡献水平。过程绩效指创新项目的管理绩效，最终影响到产出绩效，其反映了企业的技术创新绩效的管理水平。陈劲和陈钰芬（2006）在对现有评价方法进行总结时，意识到过程绩效的重要性。他们认为，现有的评价体系存在以下的缺陷，过分注重 R&D 投入，混淆投入产出指标；创新绩效以产品为主，较少涉及工艺技术；过分注重产出绩效，忽略过程绩效；过分注重专利数据，忽略我国专利制度不完善的状况，结合我国的企业创新实情，他们将创新绩效划分为产出绩效和过程绩效，建立了新的评价指标体系。官建成和钟蜀明（2007）将创新活动划分为两个阶段（知识创新阶段和科技成果商业化阶段）来探究创新效率，结果发现我国产业的知识创新效率较高，科技成果商业化效率偏低。

2. 创新绩效评价方法的确定

创新绩效是对整个创新活动过程中的创新效率的衡量。对创新效率的测量实质上是对技术效率的测量，而技术效率的测量是在一代代学者的研究和努力下最终得以实现的。Koopmans 提出："在固定的技术条件下，若投入不变，没有减少其他产出就不能增加任何产出；或若产出不变，没有增加其他投入就不能减少任何投入。"这样的一种状况就是达到了技术有效。后来，Debreu 和 Shep-Hard 利用了距离函数来测量决策单位的实际生产技术和前沿生产函数（实现技术有效性的投入产出组合）的距离，以此来测量技术的效率。再后来，Farrell 提出生产前沿函数的测量方法。技术效率测量方法的不同主要在于生产前沿函数测量方法的不同。根据生产前沿函数测量方法的不同，技术效率的测量方法主要分为两类；第一类是参数方法，利用计量模型来估计出生产前沿函数，以此来测出技术效率，其中，被广泛运用的主要是随机前沿分析法（stochastic frontier analysis，SFA）；第二类是非参数方法，利用线性规划的方法来确定出生产前沿面，并以此来测量出技术效率，其中，被广泛运用的主要是数据包络分析方法（data envelopment analysis，DEA）。传统 DEA 模型将创新生产活动作为黑箱处理，并不清楚创新系统内部的运行机制和转化过程。Kao（2009）在测算整体效率时，考虑了创新系统的内部结构，使得测算出的创新效率更贴合实际。Kao 将第一阶段的产出作为第二阶段的投入，建立了关联网络 DEA 模型。其相对于传统的模型，主要有两个方面的改变，第一，第一阶段的产出变成第二阶段的投入时权重保持不变；第二，每个子过程都要满足产出不大于投入的约束条件。然而，Kao 是基于规模报酬不变的假设建立的模型。但是，创新活动具有不确定的边际收益，规模报酬不变的假设明显过于严苛。黄祎等（2009）发展出了基于可变规模报酬的关联网络 DEA 模型，使得测算出的纯技术效率剔除了规模效应的影响，反映不同技术政策和制度下的管理效率，提供更多的管理信息。由于价值链视角下的网络 DEA 模型打开了创新生产活动的黑箱子，测量了创新活动中每个子过程的效率，可以更好地寻找创新效率低下的深层次原因。本章采用规模报酬可变的两阶段关联网络 DEA 模型，对广州工业创新的整体技术效率及子过程的技术效率进行测量，以寻找整体技术效率低下的原因。

　　DEA 模型是测量决策单元相对有效性的方法，特别是具有多投入指标和多产出指标的决策单元。最简单的 DEA 模型是规模报酬不变假设下的 DEA 模型，是个简单的线性规划求解：

$$
\begin{cases}
\max E = \dfrac{u^{\mathrm{T}} Y_{j_0}}{v^{\mathrm{T}} X_{j_0}} \\[2mm]
\text{s.t.} \quad \dfrac{u^{\mathrm{T}} Y_j}{v^{\mathrm{T}} X_j} \leqslant 1, \ j = 1, 2, \cdots, n \\[2mm]
u \geqslant 0, \ v \geqslant 0
\end{cases}
\tag{5-1}
$$

　　设一共有 n 个决策单元，对于第 j 个决策单元，Y_j、X_j 分别是产出指标和投入指标向量；u^{T}、v^{T} 分别为产出指标和投入指标的权重向量。

　　可知 DEA 模型求解的是某个决策单元潜在的最大效率，是在各决策单元效率不超过 1 的约束下，求解投入产出权重以达到某个决策单元潜在的最大效率。

　　后来 Banker、Charnes 和 Cooper 三位学者又发展出了改变规模报酬假设的 DEA 模型：

$$
\begin{cases}
\max E = \dfrac{u^{\mathrm{T}} Y_{j_0} + \mu_0}{v^{\mathrm{T}} X_{j_0}} \\[2mm]
\text{s.t.} \quad \dfrac{u^{\mathrm{T}} Y_j + \mu_0}{v^{\mathrm{T}} X_j} \leqslant 1, \ j = 1, 2, \cdots, n \\[2mm]
u \geqslant 0, \ v \geqslant 0
\end{cases}
\tag{5-2}
$$

其中，μ_0 是不受条件约束的实变量，它表达第 j_0 个评价单元的规模报酬所处的状态。当 $\mu_0 \neq 0$ 时，说明评价单元处于规模报酬递减或递增阶段。

　　此后的管理实践对创新效率的评价提出新要求，需要深入创新系统寻找创新效率低下的原因，于是价值链视角下的创新效率评价应运而生，其中整体创新效率模型为

$$
\begin{cases}
\max E = \dfrac{u^{\mathrm{T}} Y_{j_0} + \mu_0}{v^{\mathrm{T}} X_{j_0}} \\[4mm]
\text{s.t.} \quad \dfrac{u^{\mathrm{T}} Y_j + \mu_0}{v^{\mathrm{T}} X_j} \leqslant 1, \quad j = 1, 2, \cdots, n \\[4mm]
u \geqslant 0, \quad v \geqslant 0
\end{cases}
\tag{5-3}
$$

第一阶段和第二阶段创新效率模型分别为

$$
\begin{cases}
\max E^{(1)} = \dfrac{u^{\mathrm{T}} Z_{j_0} + \mu_0}{v^{\mathrm{T}} X_{j_0}} \\[4mm]
\text{s.t.} \quad \dfrac{u^{\mathrm{T}} Z_j + \mu_0}{v^{\mathrm{T}} X_j} \leqslant 1, \quad j = 1, 2, \cdots, n \\[4mm]
u \geqslant 0, \quad v \geqslant 0
\end{cases}
\tag{5-4}
$$

$$
\begin{cases}
\max E^{(2)} = \dfrac{u^{\mathrm{T}} Y_{j_0} + \mu_0}{v^{\mathrm{T}} Z_{j_0}} \\[4mm]
\text{s.t.} \quad \dfrac{u^{\mathrm{T}} Y_j + \mu_0}{v^{\mathrm{T}} Z_j} \leqslant 1, \quad j = 1, 2, \cdots, n \\[4mm]
u \geqslant 0, \quad v \geqslant 0
\end{cases}
\tag{5-5}
$$

其中，对于决策单元 j，X_j, Z_j, Y_j 分别是第一阶段投入指标向量、第一阶段产出指标向量（第二阶段投入指标向量）、第二阶段产出指标向量；u^{T}、v^{T} 分别为产出指标和投入指标的权重向量。

基于价值链视角下的网络 DEA 模型其实就是经典的基于规模报酬可变的 DEA 模型。李邃等（2011）提出了考虑链型创新系统的基于规模报酬可变的关联网络 DEA 模型，相比前述方法，该方法有两个方面的不同：①第一阶段的产出变成第二阶段的投入时权重保持不变，体现了两个子过程之间的关联关系。从经济学角度看，若将权重视为要素的影子价格，则同种要素的双重相同也具有合理性。②每个子过程都要满足产出不大于投入的约束条件（即前沿条件）。从而，整体创新效率的测算为

$$
\begin{cases}
\max E = \dfrac{u^{\mathrm{T}} Y_{j_0} + \mu_{01} + \mu_{02}}{v^{\mathrm{T}} X_{j_0}} \\[2mm]
\text{s.t.} \quad \dfrac{u^{\mathrm{T}} Y_j + \mu_{01} + \mu_{02}}{v^{\mathrm{T}} X_j} \leqslant 1, \ j = 1, 2, \cdots, n \\[2mm]
\dfrac{\delta^{\mathrm{T}} Z_j + \mu_{01}}{v^{\mathrm{T}} X_j} \leqslant 1, \ j = 1, 2, \cdots, n \\[2mm]
\dfrac{u^{\mathrm{T}} Y_j + \mu_{02}}{\delta^{\mathrm{T}} Z_j} \leqslant 1, \ j = 1, 2, \cdots, n \\[2mm]
u \geqslant 0, \ v \geqslant 0, \quad \delta \geqslant 0
\end{cases}
\tag{5-6}
$$

其中，对于决策单元 j，X_j, Z_j, Y_j 分别是第一阶段投入指标向量、第一阶段产出指标向量（第二阶段投入指标向量）、第二阶段产出指标向量；u^{T} 是第二阶段产出指标的权重向量；v^{T} 是第一阶段投入指标的权重向量；μ_{01}、μ_{02} 是不受条件约束的实变量；t 是第一阶段投入的倒数值；δ^{T} 为第一阶段产出（第二阶段投入）指标向量的权重向量。

对上述模型进行简化：令 $t = 1/\left(v^{\mathrm{T}} X_{j_0}\right)$、$\mu = tu$、$\varphi = t\delta$、$\omega = tv$、$\eta_{01} = t\mu_{01}$、$\eta_{02} = t\mu_{02}$，其中，$\eta_{01}$、$\eta_{02}$ 是不受条件约束的实变量，则可得到以下的模型。

$$
\begin{cases}
\max E = \left(\mu^{\mathrm{T}} y_0 + \eta_{01} + \eta_{02}\right) \\[2mm]
\text{s.t.} \quad \omega^{\mathrm{T}} x_j - \varphi^{\mathrm{T}} z_j - \eta_{01} \geqslant 0, \ j = 1, 2, \cdots, n \\[2mm]
\varphi^{\mathrm{T}} z_j - \mu^{\mathrm{T}} y_j - \eta_{02} \geqslant 0, \ j = 1, 2, \cdots, n \\[2mm]
\omega^{\mathrm{T}} x_0 = 1 \\[2mm]
\omega \geqslant \varepsilon e_m, \ \omega \geqslant \varepsilon e_k, \ \mu \geqslant \varepsilon e_s, \ \eta_{01} \in R^l, \ \eta_{02} \in R^l
\end{cases}
\tag{5-7}
$$

其中，ε 为非阿基米德无穷小；$e_m^{\mathrm{T}} = (1, 1, \cdots, 1) \in R^m$；$e_k^{\mathrm{T}} = (1, 1, \cdots, 1) \in R^k$；$e_s^{\mathrm{T}} = (1, 1, \cdots, 1) \in R^s$，$m$、$k$、$s$ 分别是第一阶段投入指标的个数、第一阶段产出指标的个数、第二阶段产出指标的个数。

同理，我们对经典的基于规模报酬可变的 DEA 模型进行上述的简化步骤，可得到测量两个阶段效率 $E^{(1)}$、$E^{(2)}$ 的模型。

$$
\begin{cases}
\max E^{(1)} = \left(\varphi^{\mathrm{T}} z_0 + \eta_{01}\right) \\[2mm]
\text{s.t.} \quad \omega^{\mathrm{T}} x_j - \varphi^{\mathrm{T}} z_j - \eta_{01} \geqslant 0, \ j = 1, 2, \cdots, n \\[2mm]
\omega^{\mathrm{T}} x_0 = 1 \\[2mm]
\omega \geqslant e_m, \ \varphi \geqslant \varepsilon e_k, \ \eta_{01} \in R^1
\end{cases}
\tag{5-8}
$$

$$
\begin{cases}
\quad \max E^{(2)} = \mu^{\mathrm{T}} y_0 + \eta_{02} \\
\text{s.t.}\quad \varphi^{\mathrm{T}} z_j - \mu^{\mathrm{T}} y_j - \eta_{02} \geqslant 0,\ j=1,2,\cdots,n \\
\qquad\qquad \varphi^{\mathrm{T}} z_0 = 1 \\
\quad \varphi \geqslant \varepsilon e_k,\ \ \mu \geqslant \varepsilon e_s,\ \ \eta_{02} \in R^1
\end{cases}
\tag{5-9}
$$

若最优解 μ^*、ω^*、φ^*、η_{01}^*、η_{02}^* 满足最优值等于 1，即 $E=1$，则称决策单元是弱有效的，若 $E=1$，且 $\mu^*>0$、$\omega^*>0$、$\varphi^*>0$，则称决策单元是有效的。

若 μ^*、ω^*、φ^*、η_{01}^*、η_{02}^* 为上述模型的最优解，则决策单元及其两个子过程的效率分别为：

$$
E = \mu^{*\mathrm{T}} y_0 + \eta_{01}^* - \eta_{02}^*
\tag{5-10}
$$

$$
E^{(1)} = \left(\varphi^{*\mathrm{T}} z_0 + \eta_{01}^*\right) / \omega^{*\mathrm{T}} z_0
\tag{5-11}
$$

$$
E^{(2)} = \left(\mu^{*\mathrm{T}} y_0 + \eta_{02}^*\right) / \varphi^{*\mathrm{T}} z_0
\tag{5-12}
$$

在规模报酬不变的假设下系统技术效率是两个子过程技术效率的乘积，然而在规模报酬可变的假设下，等式 $E = E^{(1)} \times E^{(2)}$ 不一定成立。用关联指数 CI 表示决策单元各子过程间的关联效度，$\mathrm{CI} = E / (E^{(1)} \times E^{(2)})$，它反映了各子过程按照系统结构方式相互作用、相互补充、相互制约而激发出来的相干效应，即结构效应、组织效应。由相同子系统组成的决策单元按照不同方式进行组织和管理，可能产生截然不同的整体效率和效益。若 $\mathrm{CI} > 1$，称决策单位的内部各子过程间的关联是有效的，若 $\mathrm{CI} = 1$，称决策单位的内部各子过程间的关联是弱有效的，若 $\mathrm{CI} < 1$，称决策单位的内部各子过程间的关联是无效的（魏权龄，2012）。

5.2.2　广州专利密集型产业的创新绩效

1. 专利密集型产业创新绩效评价体系的建立、指标选取及数据来源

创新是一个完整且系统的过程，前期的研发、中期的科技转化在创新系统中至关重要。同时，由于我国经济技术基础薄弱、科技资源有限这一基本国情，没有最终向经济转化的创新是不完整的、不经济的。创新系统的创新实现过程具有明显的两阶段过程特征，其创新实现过程如图 5-1 所示。第一阶段是大学和科研院所及企业的科技研发过程，即由原始的技术创新投入转化为科技成果，反映了科技研发主体利用研发资源创新技术成果的能力，其中，研发投入是保证技术进步和促进经济增长的必要条件，研发产出是衡量研发效果的重要标准。第二阶段是以企业为主体的相关组织将前一过程的科技成果进行经济转化的过程，即通过

科技成果的成功商业化，获得经济效益，反映企业对技术创新成果的社会转化能力。这样区分的意义在于：第一，区分技术创新的直接产出与间接转化产出；第二，经济转化过程实际上是对科技成果本身的应用价值和市场导向进行检验，即强调了创新的市场检验环节；第三，将创新过程分为两个阶段，能测评创新过程中不同阶段的创新效率，从而能准确地揭示评价对象具体的低效环节，以此挖掘其低效的深层次原因。

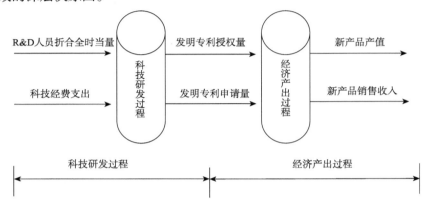

图 5-1　两阶段创新实现过程

在梳理已有文献的基础上，结合数据的可获得性，专利密集型产业创新绩效评价体系中选取的指标如下：在科技研发过程中，以 R&D 人员折合全时当量和科技经费支出为投入，以发明专利授权量和发明专利申请量为产出；在经济产出过程中，以科技研发过程的产出（发明专利授权量和发明专利申请量）为投入，以新产品产值（代表竞争性产出）和新产品销售收入（代表收益性产出）为产出。本节研究对象为工业行业，由于数据缺失，在效率测算中去掉以下七个工业：煤炭开采和洗选业，石油和天然气开采业，黑色金属矿采选业，有色金属矿采选业，开采辅助活动，其他矿采选业，纺织服装、鞋、帽制造业。数据来自《广州工业统计年鉴》《广东科技年鉴》等，考虑到创新活动的周期性和投入产出之间具有一定的时滞性，因此，需要考虑创新投入、科技成果产出、经济转化产出指标间的时间差异问题，本节假设创新从投入到科技成果产出，再到经济转化产出的延迟时间为 2 年，以 2006~2012 年的相关数据为第一阶段的投入，以 2007~2013 年的相关数据为第一阶段的产出（即第二阶段的投入），以 2008~2014 年的相关数据为第二阶段的产出，运用 LINGO11.0 进行编程，从而分别测算出整体和各子过程的创新技术效率。

2. 广州专利密集型产业创新绩效的实证分析

1）专利密集型产业创新效率的整体水平

如表 5-7 所示，2006~2012 年，广州专利密集型产业的整体创新效率平均值为 0.4033，高于非专利密集型产业及全部行业的平均水平，其中低于效率平均值的年份有 4 个，分别为 2006 年、2007 年、2009 年和 2011 年。从变异系数来看，广州专利密集型产业在行业间的整体创新效率差异较小，玥显小于非专利密集型产业及全部行业。可以看到，广州专利密集型产业的整体创新效率并不高，仍有很大的提升空间。

表5-7　2006~2012年广州发明专利密集型产业的创新效率

产业类型	整体创新效率		科技研发效率		经济转化效率	
	平均值	变异系数	平均值	变异系数	平均值	变异系数
专利密集型产业	0.4033	0.8005	0.5104	0.578	0.6342	0.5809
非专利密集型产业	0.2547	1.3412	0.4494	0.7700	0.4684	0.6731
全部行业	0.3159	1.0677	0.5157	0.684	0.5366	0.6389

从创新过程来看，广州专利密集型产业两个阶段的创新效率相差不大，第一阶段即科技创新投入到科技成果产出的科技研发阶段，2006~2012 年广州专利密集型产业的科技研发效率平均值为 0.6104，低于效率平均值的年份有 3 个，分别为 2006 年、2009 年和 2011 年，表明专利密集型产业创新的科技研发环节效率不够高，还存在一定的创新资源浪费。第二阶段即科技成果向经济转化阶段，该阶段的效率是测评科技成果转化为现实的生产力，进而实现经济、社会效益的能力，从该阶段效率的均值看，广州专利密集型产业的经济转化效率（0.6342）要高于整体创新效率（0.4033）和第一阶段的效率（0.6104），但总体来看，创新的经济转化环节效率还不够高，表明创新活动有效带动经济增长的作用有待加强。

2）发明专利密集型产业创新效率的变化趋势

如图 5-2 所示，2006~2012 年，广州专利密集型产业各年的创新效率都明显高于全部行业，也明显高于广州非专利密集型产业。

专利密集型产业创新效率的变化趋势与非专利密集型产业也呈现出一定的差异，专利密集型产业的创新效率在 2006~2012 年呈现出了明显的阶段性，2006~2009 年相对稳定，没有明显的上升趋势；2009~2012 年上升趋势较为明显，除了 2011 年创新效率下降外（这在一定程度上与 2008 年下半年开始的金融危机有关，企业的 R&D 投入相对减少，创新产出和质量相对下降），2010 年和 2012 年的创新效率

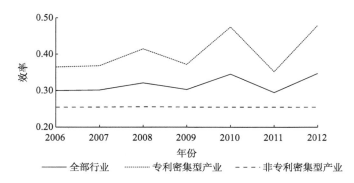

图 5-2　2006~2012 年广州各行业的整体创新效率

水平相比 2006~2009 年有了明显上升，这主要得益于广州专利政策的引导。广州作为国家知识产权局首批认定的国家知识产权示范城市创建市，专利申请量和授权量一直处于全国省会城市领先地位，这与广州对专利申请行为给予直接的财政资助或者相应费用减免的政策是分不开的。早在 2002 年 9 月，广州就制定了《广州市资助专利申请暂行办法》，明确了对发明专利申请和专利授权后给予相应资助的政策。2004 年又颁布了《广州市发明专利资助申请暂行办法》，沿袭了 2002 年的一些有效措施，但将发明申请资助细分为申请费和实审费进行资助，并提高发明专利获国外授权后的资助，鼓励中小学生申请外观设计专利。2007 年，《广州市资助专利申请暂行规定》出台，该规定取消了职务申请与非职务申请发明资助区别对待的措施，完善相应资助办法以规避国家与地方的重复资助，并将发明专利获美国、日本、欧盟授权后资助的额度提高到 40 000 元/件。广州通过实施专利申请"灭零倍增"计划，重点鼓励申请发明专利、PCT 国际专利等措施，推动企业提升科技创新质量。"十二五"期间，广州专利申请量累计超过 21 万件，是"十一五"的 2.8 倍；发明专利申请和 PCT 国际专利申请分别是"十一五"期间的 3 倍和 3.1 倍。有了专利申请，推进专利产业化，发挥专利引领产业发展的作用，水到渠成。"十二五"期间，广州本级累计投入财政资金 5247 万元，支持专利产业化项目 203 项，带动企业投资 8.65 亿元，实现产值 129.6 亿元；鼓励和引导金融机构在信贷等方面支持科技创新的发展，累计 95 家企业获得专利质押融资贷款 21.3 亿元；鼓励保险机构开通专利保险业务。2009~2012 年，广州发明专利密集型产业创新效率的提高也充分反映了广州的一系列专利申请资助政策对引导专利授权质量提高的积极效应。相比之下，非专利密集型产业受专利申请资助政策的影响相对较小，其创新效率在 2006~2012 年相对比较平稳，没有明显的上升趋势。

从创新过程来看，2006~2012 年，广州专利密集型产业各年的科技研发效率都明显高于全部行业，也明显高于非专利密集型产业（图 5-3）。专利密集型产业科技研发效率的变化趋势与非专利密集型产业都呈现出了明显的阶段性，但二者

的阶段变化趋势存在较大差异，专利密集型产业的科技研发效率在 2006~2009 年
的波动中呈现略微的下降趋势，从 0.5719 下降到 0.5536，2009~2012 年在波动中
呈现明显的上升趋势，2012 年达到 0.6443，这在一定程度上得益于广州加大了对
研发的投入及对专利申请行为给予直接的财政资助或者相应费用减免的政策。
2009~2015 年，科研和技术服务业新增固定资产占全社会新增固定资产比重从
1.60%增加到 2.31%，每万人口专利申请量从 20.94 件增加到 74.7 件，每万人口专
利授权量从 14.06 件增加到 46.96 件，每万人口发明专利授权量从 1.92 件增加到
7.81 件。2015 年广州县级及以上政府部门属研究与开发机构就业人员为 16 923
人，其中，78.35%是科技活动人员（13 260 人），科技经费支出 83.73 亿元，占同
期广东科技经费支出的 85.83%；规模以上工业企业 R&D 活动人员为 82 594 人，
占广东规模以上工业企业 R&D 活动人员的 15.46%，R&D 经费内部支出为 212.26
亿元，占广东规模以上工业企业 R&D 活动人员的 13.96%。非专利密集型产业的
科技研发效率在 2006~2009 年的波动中上升，从 0.4250 上升到 0.5030，2009~2012
年在波动中呈现明显的下降趋势，2012 年下降到 0.4254。可见，广州专利密集型
产业在创新的科技研发阶段虽然存在一定的创新资源浪费问题，但是从发展趋势
看，其有效性是提升的。

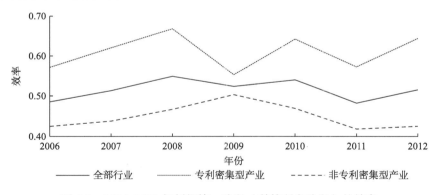

图 5-3　2006~2012 年创新第一阶段（科技研发阶段）的效率

从图 5-4 中可以看出，2006~2012 年，广州专利密集型产业各年的经济产出效
率都明显高于全部行业，也明显高于非专利密集型产业。此外，专利密集型产业
经济产出效率的变化趋势与非专利密集型产业都呈现出了明显的阶段性，而且二
者的阶段性变化趋势在 2009 年之后趋于一致，都呈现出了明显的上升趋势，这主
要源于广州通过政策引导、机制创新所形成的多领域、全方位的"产学研"合作
的局面，2009~2015 年，广州技术市场合同成交金额年增长率从 2009 年的-0.26%
上升到了 2015 年的 7.75%，广州在技术创新的经济转化环节的快速发展为广州
创新型经济建设做出了贡献，2009~2015 年工业高新技术产品产值占工业总产值

的比重从 2009 年的 32.8%上升到 2015 年的 43.7%，2015 年，先进制造业、高技术制造业增加值分别增长 8.8%和 19.4%，增速分别高于规模以上工业增加值 1.6个百分点和 12.2 个百分点。高技术制造业增加值占规模以上工业的比重 11.7%，同比提高 0.1 个百分点①。表明广州推进专利产业化，专利引领产业发展的作用得到了一定程度的发挥，虽然创新活动对经济做出的贡献还比较有限，但是从发展趋势看，其对经济的贡献明显加大。

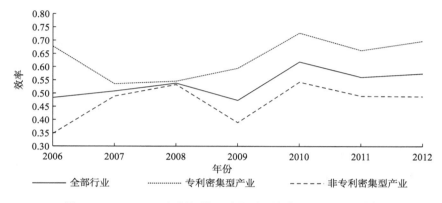

图 5-4　2006~2012 年创新第二阶段（经济产出阶段）的效率

3）发明专利密集型产业各行业的创新效率

对发明专利密集型产业中各行业进行创新效率分析，发现创新效率表现出明显的行业差异性。表 5-8 显示，在整体效率上，电气机械和器材制造业的创新效率是有效的，电力、热力生产和供应业，仪器仪表制造业，计算机、通信和其他电子设备制造业等 3 个行业的整体创新效率都高于 0.7，其他制造业的创新效率最低，为 0.0016。在创新过程中，两个阶段的创新效率也表现出明显的行业差异性。从科技研发效率值来看，电气机械和器材制造业，电力、热力生产和供应业，仪器仪表制造业，通用设备制造业等 4 个行业为 1，金属制品业，计算机、通信和其他电子设备制造业，铁路、船舶、航空航天和其他运输设备业等 3 个行业均高于 0.7；从经济产出效率值来看，计算机、通信和其他电子设备制造业，化学原料和化学制品制造业等 2 个行业为 1，电气机械和器材制造业，电力、热力生产和供应业，仪器仪表制造业，铁路、船舶、航空航天和其他运输设备业，金属制品、机械和设备修理业等 5 个行业均高于 0.8。14 个专利密集型工业行业中，电气机械和器材制造业，电力、热力生产和供应业，仪器仪表制造业，通用设备制造业，汽车制造业，医药制造业，金属制品业，其他制造业等 8 个的科技研发效率值高

---

① 数据由广州统计局公布的《2015 年广州市经济运行简况》整理得出。

于经济产出效率值，表明经济产出效率相对较低是整体创新效率被拉低的最主要的方面。计算机、通信和其他电子设备制造业，铁路、船舶、航空航天和其他运输设备业，化学原料和化学制品制造业，专用设备制造业，非金属矿物制品业，金属制品、机械和设备修理业等 6 个行业的科技研发效率值低于经济产出效率值，表明科技研发效率相对较低是整体创新效率被拉低的最主要的方面。

表5-8　2006~2014年广州发明专利密集型产业各行业的创新效率

发明专利密集型产业	行业代码	整体创新效率	科技研发效率	经济产出效率	子过程关联系数
电气机械和器材制造业	38	1.0000	1.0000	0.9950	1.0050
电力、热力生产和供应业	44	0.8272	1.0000	0.8119	1.0188
仪器仪表制造业	40	0.8119	1.0000	0.9373	0.8663
计算机、通信和其他电子设备制造业	39	0.7422	0.7422	1.0000	1.0000
汽车制造业	36	0.4847	0.6572	0.5267	1.4003
医药制造业	27	0.3670	0.5504	0.5185	1.2861
通用设备制造业	34	0.3624	1.0000	0.0747	4.8487
铁路、船舶、航空航天和其他运输设备业	37	0.3543	0.7414	0.8964	0.5331
化学原料和化学制品制造业	26	0.1783	0.1783	1.0000	1.0000
专用设备制造业	35	0.1779	0.2824	0.4530	1.3904
金属制品业	33	0.1768	0.8925	0.0713	2.7798
非金属矿物制品业	30	0.1210	0.1831	0.5769	1.1457
金属制品、机械和设备修理业	43	0.0405	0.2178	0.9838	0.1892
其他制造业	41	0.0016	0.1000	0.0331	0.4810

从表 5-8 中创新子过程关联系数来看，电气机械和器材制造业，电力、热力生产和供应业，计算机、通信和其他电子设备制造业，汽车制造业，医药制造业，通用设备制造业，化学原料和化学制品制造业，专用设备制造业，金属制品业，非金属矿物制品业等 10 个行业处于子过程关联有效状态，表明这些行业在科技研发和经济产出两个创新阶段的沟通与协调上处理得较好，使得总体纯技术效率大于等于两个阶段效率的累积。也有 4 个行业在创新阶段的关联效度较差，它们分别是仪器仪表制造业，铁路、船舶、航空航天和其他运输设备业，金属制品、机械和设备修理业，其他制造业，因此，这 4 个行业还应该在今后的创新过程中加强阶段间的交流与协作。

　　综合分阶段的创新效率值与子过程关联系数，初步可以找出整体创新效率的决定因素，如电气机械和器材制造业整体创新效率较高主要在于创新两个阶段的效率都较高，而且这两个阶段之间的合作、协调和沟通比较有效；导致金属制品、机械和设备修理业创新效率低下的环节主要在于科技研发阶段，加上这两个阶段之间的合作、协调和沟通处理不好限制了整体效率的提升；通用设备制造业创新效率低下的环节主要在于经济产出阶段；化学原料和化学制品制造业创新效率低下的环节主要在于科技研发阶段；其他制造业创新效率低一方面是由于创新两阶段的效率都很低，另一方面是由于这两个阶段之间的合作、协调和沟通处理不好。

　　根据两个阶段的创新效率值，将科技研发效率和经济产出效率高于发明专利密集型产业平均水平的行业分别称为高科技研发效率行业和高经济产出效率行业，可以将广州发明专利密集型产业中的行业分为四大类：高科技研发效率和高经济产出效率的行业、高科技研发效率和低经济产出效率的行业、低科技研发效率和高经济产出效率的行业、低科技研发效率和低经济产出效率的行业，具体结果见图 5-5。对于高科技研发效率和高经济产出效率的行业，其在创新的两个子阶段皆表现出较高的效率，说明这些行业的相关创新机制尤其是创新资源配置机制运行良好，属于高效集约型的技术创新。对于低科技研发效率和高经济产出效率的行业，其科技转化相关机制运作良好，科技成果的转化效率相对较高，但较大的研发投入并未带来相应的科技产出，应当充分认识对外部科技成果的过分依赖会有可能限制了该行业的科技可持续发展，需在技术引进基础上学习和再创新作为增强其自主创新能力，提高集成创新能力和引进消化吸收再创新能力，短缩自主创新的周期，同时注重基础研究，开展"产学研"合作创新，提高员工的基本素质和创新能力等。对于低科技研发效率和低经济产出效率的行业，在科技研发阶段投入了大量资金但不注重效率，或在经济转化阶段盲目投资，不注重投资质量，导致了创新资源存在极大浪费，属于粗放式低水平的技术创新，因此，需调整相关技术政策和制度，充分认识到提高创新能力工作中的难点，重点从人才战略和环境建设入手，在提升研发效率的同时，促进科技成果的商业化。对于高科技研发效率和低经济产出效率的行业，其科技投入产出相关机制运转良好，但在创新能力的发展培养过程中，存在瓶颈或者是遗漏点，出现了科技与经济脱节的"两张皮"现象，造成了创新未能充分发挥对经济发展应有的促进作用，需为这些行业的科技成果转化工作、科技成为第一生产力创造条件，可从建立以企业为核心的"产学研"紧密结合的机制方面着手，进一步树立市场导向机制，建立有效的风险投资机制，营造良好的创业和创新环境等。

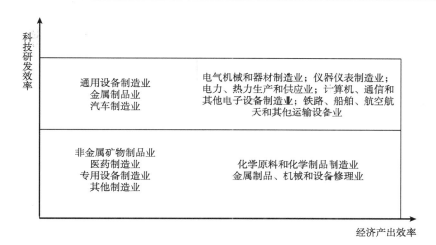

图 5-5　广州专利密集型产业创新效率矩阵

5.2.3　广州专利密集型产业创新绩效的影响因素分析

找准制约专利密集型产业创新绩效提升的因素是对症下药、找出提升创新绩效的途径的关键。专利密集型产业的创新效率不仅受投入、产出指标的影响，还受来自外界环境诸如市场竞争、政府行为等因素影响。本部分评估广州专利密集型产业的创新效率值是否受外界环境因素影响及影响的程度。

1. 影响因素的选取与说明

在梳理现有研究的基础上，本书从产业本身的发展阶段与特征层面、创新环境与制度层面找寻影响创新绩效的主要因素。产业本身的发展阶段与特征层面主要分析行业集中度、产业规模、产业技术创新能力及知识吸收能力等与创新绩效的关联和对创新绩效的影响。创新环境与制度层面分析市场竞争程度、知识产权制度、政府创新补贴等与创新绩效的关联及对创新绩效的影响。其具体分析的指标如下。

（1）产业集中度。产业集中度用区位熵（与广东对比）来衡量，其定义为一个区域某产业所占份额与整个经济中该产业所占份额之比。区位熵越大，表明产业的集中程度越大。有关产业集中度与创新绩效的关系研究中，西方产业组织学的观点为"市场结构决定市场行为，市场行为决定市场绩效"，产业集中度明显影响市场结构，有研究发现，产业集中度较高的产业，其销售利润率、技术创新和经济绩效都优于集中度低的产业。这与西方产业组织学的观点一致。董成（2011）对中国高技术产业的产业集中度与企业创新绩效的相关性进行实证，结果表明高技术产业的产业集中度与企业创新绩效存在长期和短期均衡关系，且二者均为正相关关系。王书山（2012）的研究结果表明，行业集中度对技术创新绩效有显著的正向影响，且影响明显强于对技术进步的影响，但对不同行业的影响程度不同。

（2）产业规模。一般用产业总产值来衡量产业规模。创新效率即为创新活动的生产率，行业总产值对创新效率的影响实际上是一种规模经济效应。亚当·斯密在《国富论》中指出劳动生产率的提高是分工的结果，但实际上，分工是以大规模生产为基础，因而，亚当·斯密的理论实际上是对规模经济的一种古典解释。马歇尔对规模经济报酬的研究表明，规模经济报酬随着规模的扩大将经历规模报酬递增、规模报酬不变和规模报酬递减三个阶段。马克思也认为大规模的生产是提高劳动效率的有效途径。

（3）企业 R&D 投入。R&D 折合全时当量是衡量企业自身研发投入的一个重要指标。研究企业自身研发投入对创新效率的影响是有意义的，企业研发投入对创新效率的影响不同于政府资助对创新效率的影响。政府资助集中在基础研究领域，从长期看政府资助的创新效率更高；但是，企业自身研发投入集中在应用研究领域，因而从短期看，企业自身研发投入的创新效率更高。此外，寻租腐败所导致的政府失灵将会影响政府资助的使用效率，而企业则会由信息的不对称所带来的市场失灵而影响研发资源的使用效率。赵红和李换云（2011）采用重庆制造业 2000~2007 年的面板数据来分析外商直接投资的 R&D 溢出和企业自身研发投入对行业创新效率的影响，结果表明外商直接投资、企业自身 R&D 资本投入和研发人员投入对其自主创新效率的提高均有显著的促进作用。李平和刘利利（2017）采用 2003~2012 年中国面板数据，研究了政府资助和企业研发投入对中国创新效率的影响，结果发现企业研发投入对中国创新效率有正向影响，政府资助对中国创新效率有负向影响。

（4）专利质量。用专利被引平均数和专利权利要求平均数来衡量专利质量。专利的被引平均数衡量的是专利的技术高度，专利权利要求平均数衡量的是专利在法律上的稳定性。专利质量是衡量技术创新能力的重要指标，专利质量的提高会促进企业增加专利 R&D 投入，也能更有效地提高专利转化效率。

（5）知识的吸收能力。知识的吸收能力用引证专利数量来衡量。大部分学者认为，知识的吸收能力是企业在当今知识时代下的一种重要的竞争优势，是企业管理知识的一系列能力。知识的吸收能力通过影响创新的速度、频率、幅度来影响企业的创新效率（Lane and Salk，2001）。吴晓波和韦影（2005）把吸收能力作为中间变量来研究企业社会资本与技术创新绩效之间的关系，结果表明，知识吸收能力在企业社会资本对技术创新绩效的正相关关系中发挥了中介作用。刘小青和陈向东（2010）以 2008 年中国电子信息百强企业为样本来研究网络位置、吸收能力对企业创新绩效的影响，发现吸收能力对企业绩效有显著的正向影响。

（6）市场竞争程度。用行业的企业数量来衡量企业市场竞争程度，行业的企业数量是影响市场结构和行业创新绩效的重要因素。熊彼特认为垄断与技术创新有着密切的关系，垄断利润是企业家创新的动力；此外，垄断企业有更雄厚的研发资本和更强的风险承担能力来促进创新。但是，与此不同的是，西方新古典经济学理论认为，只有市场竞争才能激励创新活动。Arrow（1962）认为企业在垄断市场结构里可以享受着很高的垄断利润，导致企业创新动力的不足。20 世纪 70 年代，创新理论的后继者 Kamien 和 Schwartz（1975）提出介于垄断与完全竞争的市场结构才是最能促进创新活动的市场结构。陈泽聪和徐钟秀（2006）对我国制造业技术创新效率进行实证分析，发现市场竞争程度与创新效率呈负相关关系，企业规模、行业技术水平等因素和技术创新效率呈正相关关系。张庆和余翔（2013）的研究结果也表明，市场竞争程度和技术创新效率呈负相关关系，验证了熊彼特的假说。

（7）专利集中度。集中度是刻画市场结构状态的标志性概念，也是区分市场结构是趋于垄断还是偏向竞争的重要依据。通常，用某一产业中排名靠前的几家企业的某项指标的加总占整个产业相应指标的比重来反映绝对集中度。本章用 4 家申请专利最多的单位占行业专利申请量的比重来衡量专利的行业集中度，实际上衡量的是专利在行业的垄断程度。专利集中度对行业创新绩效有负向的影响，专利集中度越高，垄断性就越强，企业在许可、转让专利时谈判能力就越强，收取的费用越高，不利于专利的流动、技术扩散和知识外溢，从而会对行业创新绩效产生负向的影响。

（8）专利政策。专利政策对创新绩效有显著的影响。专利奖励政策明显会鼓励创新，增加创新绩效；但同时，专利保护政策会阻碍专利的流转和知识外溢，从而减少创新绩效。2006~2014 年广州专利政策的变化表现为在 2007 年和 2010 年分别实施了新的专利奖励政策，《广州市资助专利申请暂行规定》于 2007 年 5 月 1 日开始实施；《广州市专利奖励办法》于 2010 年 11 月 1 日开始施行。

（9）政府研发资助。采用科技经费中的政府资金来衡量政府对企业的研发资助。以往的研究在政府研发资助对创新绩效的作用上并没有统一的观点和结论。一方面政府资助不利于技术创新效率的提高，主要是政府的介入带来的挤出效应（白俊红等，2009）。肖文和林高榜（2014）的研究结果也表明政府资助会降低行业的技术创新效率，这是因为政府对于远期技术的偏好限制了市场导向的技术创新活动，从而降低了行业技术创新效率，此外政府对资金用途的管理缺失也导致了创新效率的下降。另一方面，也有学者认为政府资助会对企业创新活动产生诱导效应。Gonzalez 等（2005）在 2005 年对政府 R&D 资助和企业 R&D 投入的关系的实证研究中都发现，政府 R&D 资助对企业 R&D 支出有显著的正向影响。

2. 创新绩效影响因素的实证分析

采用广州 34 个行业 2006~2014 年的面板数据,用静态面板模型对广州行业创新整体效率的影响因素进行研究分析。构建的计量模型如下:

$$Y_{it} = \beta_0 + \beta_1 X1_{it} + \beta_2 X2_{it} + \beta_3 X3_{it} + \beta_4 X4_{it} + \beta_5 X5_{it} + \beta_6 X6_{it} + \beta_7 X7_{it} + \beta_8 X8_{it} + \beta_9 X9_{it} + \beta_{10} X10_{it} + \varepsilon_{it}$$

其中,i 为行业;t 为年份;Y 为创新整体效率;$X1$ 为产业的市场化程度;$X2$ 为产业规模;$X3$ 为政府研发资助;$X4$ 为企业自身研发投入;$X5$ 为知识的吸收能力;$X6$ 为专利质量(采用专利被引平均数指标,之后采取专利权利要求平均数指标作为替代,进行模型的稳健性检验);$X7$ 为产业集中度;$X8$ 为专利集中度;模型将专利政策设置了两个虚拟变量 $X9$ 和 $X10$,$X9$ 和 $X10$ 分别为 2007 年初和 2010 年底专利政策的实施。由于变量间的数量级差太大,本章先用极值化的方法对变量数据进行无量纲化处理,再用无量纲化数据进行计量实证。无量纲化的变量数据的描述性统计见表 5-9。

表5-9　　各变量无量纲化处理后的描述性统计表

变量	样本数	均值	标准误差	最小值	最大值
Y	238	0.0042	0.0046	0	0.0133
$X1$	238	0.0042	0.0040	0	0.0159
$X2$	238	0.0042	0.0061	0	0.0371
$X3$	238	0.0042	0.0112	0	0.0548
$X4$	238	0.0042	0.0085	0	0.0470
$X5$	238	0.0042	0.0092	0	0.0495
$X6$	238	0.0042	0.0064	0	0.0328
$X7$	238	0.0042	0.0035	0	0.0184
$X8$	238	0.0042	0.0028	0	0.0140
$X9$	238	0.8571	0.3507	0	1.0000
$X10$	238	0.2857	0.4527	0	1.0000

表 5-10 模型(1)中专利质量采用专利被引平均数指标衡量,模型(2)中专利质量采用专利权利要求平均数指标作为替代,对模型(1)的结果进行稳健性检验。考虑到创新效率不断演变,滞后期效率值会对本期产生影响,模型(3)在模型(1)的基础上加入 Y_{it-1} 表示滞后一期的创新效率值,模型(4)对模型(3)的结果进行稳健性检验。个体效应显著性的检验和 Hausman 检验显示,模型(1)和模型(2)采用随机效应模型更合适,而模型(3)和模型(4)采用固定效应模型。

表5-10　影响因素模型估计结果

系数	模型（1）	模型（2）	模型（3）	模型（4）
$X1$	−0.076 （−0.79）	−0.077 （−0.80）	−0.017 （−0.16）	−0.089 （−0.74）
$X2$	0.206*** （3.60）	0.206*** （3.60）	0.297*** （3.33）	0.335*** （3.87）
$X3$	0.051 （1.46）	0.051 （1.44）	0.094* （1.83）	0.087* （1.70）
$X4$	0.028 （0.73）	0.028 （0.73）	0.007 （0.13）	0.024 （0.44）
$X5$	−0.029* （−1.70）	−0.029* （−1.69）	−0.064** （−2.96）	−0.057** （−2.78）
$X6$	0.01 （0.31）	−0.004 （−0.10）	0.037 （0.98）	−0.014 （−0.33）
$X7$	0.062 （0.49）	0.066 （0.53）	0.462** （2.41）	0.443** （2.33）
$X8$	−0.4*** （−2.93）	−0.387*** （−2.93）	−0.32* （−1.71）	−0.378** （−2.11）
$X9$	0 （0.06）	0 （0.07）	0 （0.80）	0
$X10$	0 （−1.40）	0 （−1.48）	0 （0.12）	0 （−1.46）
Y_{it-1}	—	—	0.324*** （3.87）	0.326*** （4.00）
_cons	0.005*** （3.93）	0.005*** （3.87）	0.003** （1.98）	0.004** （2.60）
N	238	238	204	204
R^2	0.153	0.151	0.04	0.02

注：括号内为 t 检验值

*、**、***分别表示通过 10%、5%、1%的显著性检验

模型（1）中，只有产业规模（$X2$）、知识的吸收能力（$X5$）、专利集中度（$X8$）对创新整体阶段效率（Y）有显著性影响。模型（3）加入滞后一期的创新效率值后，产业规模（$X2$）、政府研发资助（$X3$）、知识的吸收能力（$X5$）、产业集中度（$X7$）、专利集中度（$X8$）、滞后期创新效率（Y_{it-1}）等 6 个变量都对整体创新效率产生显著影响。其中，滞后期创新效率、产业规模和产业集中度指标均在 10%[①]的检验水平下显著，说明创新效率提升是一个逐渐改善的过程，需将技术创新活动作为一项长期工作来开展，产业规模和产业集中度对创新效率呈现较为显著的正相关关系，说明现阶段专利密集型产业的规模越大、产业集中度越高，越有利于创新效率的提高。政府研发资助在 10%的显著性水平下与创新效率正相关，这与余泳泽（2009）的关于政府支持有利于产业创新效率的提升的结论是一致的。知识的吸收能力和专

---

① 在 1%、5%的显著性水平上显著的，那么在 10%的显著性水平上也显著。

利集中度对创新整体阶段效率有显著的负向影响。从理论上来讲，知识的吸收能力会通过创新的速度、频率、幅度来影响企业的创新效率，并且是一种正向的影响。本节的结论与预期相反，可能的原因有两个，第一是选取反映知识的吸收能力的指标是引证专利数量，引证专利数量的确在一定程度上反映了企业吸收知识的多少，但事实上，引证专利质量更能证实经济主体知识吸收能力的强弱，但由于该指标无法获取，所以知识的吸收能力的指标选取不够全面。第二是在广州的专利申请主体中，科研机构及高校的专利比重较高，但是这些主体的专利申请与市场需求相差甚远，许多专利的转化率不高，这就导致了虽然经济主体的知识吸收能力较强，但是由于脱离了市场需求，从而创新绩效低下。专利集中度越高，垄断性就越强，企业在许可、转让专利时谈判能力就越强，收取的费用越高，不利于专利的流动、技术扩散和知识外溢，从而不利于行业创新绩效提升。此外，市场竞争程度对创新绩效的影响是负向的，但是该影响还不具有统计学意义上的显著性，企业 R&D 投入、专利质量对创新绩效的影响是正向的，但还不具有统计学意义上的显著性。

模型（4）的结果显示，模型是稳健的，产业规模（$X2$）、政府研发资助（$X3$）、产业集中度（$X7$）、滞后期创新效率（Y_{it-1}）等 4 个变量对整体创新效率产生显著的正向影响。知识的吸收能力（$X5$）、专利集中度（$X8$）等 2 个变量对整体创新效率产生显著的负向影响。

5.3　广州专利密集型产业：创新路径与专利预警机制

在梳理已有文献的基础上，首先从创新网络建设、产业发展和创新环境建设等三个方面探讨提升产业创新绩效的可能路径；其次结合广州专利密集型产业创新绩效的状况及其影响因素，确定广州专利密集型产业的创新路径；最后针对广州专利密集型产业进行专利预警机制对策研究，以期在提升专利密集型产业创新绩效的同时，对企业乃至整个专利密集型产业的专利保护提出一定的建议。

5.3.1　提升产业创新绩效的可行路径探析

事实上，除了产业本身的发展阶段与特征、创新环境与制度会影响产业创新绩效外，创新合作与网络建设情况也会影响产业的创新绩效，因此，本部分试图通过梳理已有研究，从创新网络建设、产业发展和创新环境建设等三个方面去找寻提升产业创新绩效的可能路径。

1. 创新网络建设方面的可能路径

针对中国创新网络中创新主体的研究，不同学者持不同看法。胡云飞（2012）认为创新主体是非国有的大型企业，大中型国有企业在参与市场竞争中承担的社会责任还有待提高，究其原因是这些企业缺乏来自市场竞争的压力和动力。叶琴（2014）认为大型企业是创新的主体，因其具有较强的研发实力和压力，同时它们也是高校和科研机构最重要的合作伙伴。吕国庆等（2014）研究发现高校是产学研创新网络中位于中心的成员之一。赵健（2013）将知识密集型产业技术创新主体分为核心主体和辅助主体，如图 5-6 所示。基于产学研创新网络的知识密集型产业的创新主体包括政府、企业、高校及科研院所，其构成的创新网络耦合模型如图 5-7 所示。

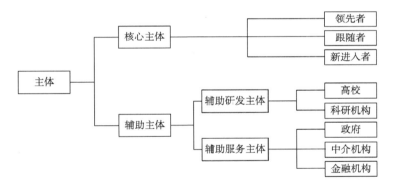

图 5-6 知识密集型产业技术创新路径演化主体结构图

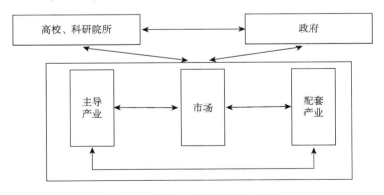

图 5-7 产学研创新网络耦合模型

在产学研创新网络中，创新主体间的相互关系也是研究的重点内容。武建龙和王宏起（2010）认为高校和科研院所位于产业创新链条的前中端，是重要的知识技术创新源泉，但存在大量待产品化、产业化的专利技术。同时，在广州专利密集型产业创新绩效评价过程中，也出现了专利创新成果向经济产出转化效果不佳的现象，其对广州经济发展和就业的贡献低于同期广东平均水平，创新效率不高。究其原因是企业专利比例低，高校及科研院所中专利技术及其优势创新资源尚未体现出经济价值。因此就创新网络板块，本节希望以产学研创新网络为例，研究如何发挥政府引导作用、发挥企业的主要作用及让市场需求带动高校及科研院所进行面向经济的创新。

2. 产业发展方面的可能路径

根据新经济地理学理论，厂商、劳动力等产业要素聚集在一起，形成产业空间集聚效应，必然影响产业发展与创新。张望（2008）在运输成本、规模经济对产业集聚的冲击效应实证研究中，发现三者有着长期均衡的微妙关系，运输成本、规模经济是产业空间集聚形成的原因，也是产业集聚处于均衡状态的成因。樊钱涛（2011）在对产业集聚形式究竟是促进产业规模增长还是改进产业技术效率的讨论中，认为产业集聚促进产业发展有两个方面的效用，一是影响产业增长的规模，二是影响产业技术效率，并在对产业集聚作用机制的讨论中，引出了产业竞争、知识溢出等概念。程中华和刘军（2015）从产业结构的研究视角，发现产业集聚程度是影响地区创新产出不同的主要原因。Schumpeter（1943）认为垄断与研发效率有着较为密切的联系，产业集中度越高，越有利于激励企业从事研发活动以获取垄断利润；Arrow（1962）则最早对垄断能够促进研发效率的观点存在质疑，他认为竞争性环境可以给研发活动带来更大的激励。学术界大多数研究支持 Arrow 的观点，认为随着区域内企业数量的增加，产业及行业间的合作与竞争程度越来越高，较高的产业聚集度能促进企业间隐性知识的交流和传播，且强化了企业的危机意识，从而实现研发效率的不断提高，而在科技成果商业化阶段，企业可能由竞争的加剧和低级别产品竞争导致创新效率的负增长。

3. 创新环境建设方面的可能路径

创新环境是创新主体所处的环境，李敏和刘和东（2009）认为创新环境更多是指政府政策营造的促进创新的专利政策等，并将其总结为国家或行业创新特征及一切制度、政策和策略的集合。魏宜瑞（2005）在对营造有利于发挥专利等知识产权制度作用的创新环境的研究中，强调人才教育环境、市场法制环境、政策和社会创新环境对发挥专利效用的重要作用。王根（2017）在对协同创新环境的研究中，认为要建立专利信息服务机制，依据信息生态位理论重构多层次网络化的专利信息服务组织，搭建以服务评价为核心的服务系统的协同创新环境。

许多学者展开了关于专利资助和专利制度运行的研究。徐棣枫和邱奎霖（2014）通过对专利资助政策的研究，认为现有专利自主政策削弱了专利制度运行的市场基础，政府应该调整为专利自主公共政策，由发明市场决定创新资源配置。蒙大斌（2014）分析了中国企业实际情况和所处的创新环境，认为必须对专利制度进行顶层设计，才能满足企业乃至行业进一步创新发展的诉求。在政府政策方面，2015 年以来连续出台了《深入实施国家知识产权战略行动计划（2014—2020 年)》《中共中央、国务院关于深化体制机制改革加快实施创新驱动发展战略的若干意见》《关于在部分区域系统推进全面创新改革试验的总体方案》《国务院关于新形势下加快知识产权强国建设的若干意见》等文件，为知识密集型产业的创新活动营造良好的政策环境。在金融经济方面，刘佳（2008）通过研究金融发展对技术进步的促进作用及效率，发现金融体系规模对技术创新有明显的正向促进作用，且促进效率不断提高，究其原因是金融体系加大了对自身科技投入的力度。

5.3.2　提升广州专利密集型产业创新绩效的路径

如前所述，广州专利密集型产业对经济社会的贡献低于同期广东省的平均水平。2010~2014 年，广州专利密集型产业增加值为 1.75 万亿元（2008 年可比价），占广州增加值的 27%，低于同期广东省的 35.05%；广州专利密集型产业平均每年创造165.28 万个就业岗位，占广州年平均就业的 21.59%，低于同期广东省的 22.82%。

2006~2012 年，专利密集型产业的创新效率高于非专利密集型产业及三次产业的平均水平，但其水平仍然不高，为 0.4033，还有很大的提升空间。从创新过程来看，尽管第一阶段的创新效率值呈现上升趋势，但 2006~2012 年平均水平为0.6104，表明专利密集型产业创新的科技研发环节效率不够高，还存在一定的创新资源浪费；第二阶段的创新效率（0.6342）高于整体的技术创新效率和第一阶段的效率，但整体而言，创新活动对经济做出的贡献还比较有限。

从产业本身的发展阶段与特征层面来看，产业集中度、产业规模、知识的吸收能力等对广州专利密集型产业的创新效率产生了显著的影响。从创新环境与制度层面来看，专利集中度、政府研发资助等对广州专利密集型产业的创新效率产生了显著的影响，同时，随着创新效率的不断演变，滞后期创新效率值对本期产生了显著的正向影响。其中，滞后期创新效率、产业规模和产业集中度指标均在10%的检验水平下显著，说明创新效率提升是一个逐渐改善的过程，需将技术创新活动作为一项长期工作来开展，现阶段专利密集型产业的规模越大、产业集中度越高，越有利于创新效率的提高。政府研发资助在 10% 的显著性水平下与创新效率正相关，表明政府支持有利于产业创新效率的提升。知识的吸收能力和专利集中度有显著的负向影响，其中，知识的吸收能力之所以与广州专利密集型产业的创新绩效负相关，主要原因在于专利申请中，企业专利比例太低，科研院所及高校专利比重高，但其专利与市场需求相差甚远，专利转化率不高。

根据上述关于广州专利密集型产业创新绩效的状况及影响因素的相关结论，结合现有文献研究，本章从创新网络建设、产业发展和创新环境建设等三个方面确定广州专利密集型产业的创新路径。

1. 构建产学研创新网络，合理定位各创新主体的作用，让市场需求带动创新

广州正处于工业化后阶段，面临着城市竞争、经济发展、资源及人口等方面的压力，为保持广州城市发展核心竞争力，经济持续增长态势，必须通过技术创新、制度创新、金融创新等自主创新手段促进广州经济增长。从 2012 年《中共广州市委、广州市人民政府关于推进科技创新工程的实施意见》文件开始，广州克服科技创新能力不足障碍，努力开拓创新型城市建设。广州多次被指在创新型城市发展上落后于北京、上海和深圳[①]，而建设创新型城市关键的一环就是要建设创新合作网络，尤其是产学研创新网络。

广州作为国家中心城市之一，构建产学研创新网络是十分必要的，第一，能将科技与经济直接联系起来，促进科研院所、高校和企业及政府三者间的协同创新效果；第二，促进科技成果向经济的转化效率，加速科技成果产业化进程，仿照北京中关村科技成果转化先行经验，从各级政府争取政策、资金的支持，如贷款贴息、股权投资、无偿补助等方式，对于在广州地区的高校、科研院所等产生的科技成果，赋予创新主体更多的权利；第三，避免创新主体进行科研活动时出现"创新孤岛"和"碎片化创新"的问题，形成政府引导创新，市场进行资源配置，带动高校及科研院所创新，同时使各类创新资源向企业倾斜，加大引导企业自主创新力度，最终达到促进科技成果沿着创新链和产业链转化成经济成果的目的；第四，形成企业、高校、科研院所、政府的协同创新模式，建立创新联盟，实现需求对接、人才交换和知识交流的深度协同创新网络建设。

对产学研创新网络中的各创新主体的作用及如何发挥作用的问题，本书认为科技创新要贯彻市场决定的要求，政府要转变传统的科技管理思路，强化简政放权。其具体表现如下。

第一，政府主要起到引导、辅助作用。政府科技部门不再管具体项目，而是

---

① 广州市长自曝科创短板：全市科研投入不及华为一家，http://news.sohu.com/20150721/n417169133.shtml [2022-05-12]。

出台政策来鼓励企业和科研机构面向产业、服务市场需求展开研发，引导广州专利密集型产业往协同创新、企业主导创新和市场带动高校及科研院所创新的方向发展。其具体措施有：①政府牵头广州高校、科研院所与国家自然科学基金委员会、政府、企业间的科研项目合作，对创新型项目予以立项、审批、资助、后期管控等保障；②科研基础设施配套建设，争取中国科学院、工程院及国家各部委的支持，建立广州超算中心，发展云计算、大数据、人工智能移动互联网等前沿创新科技；③建立创新企业孵化器、创新驿站、科技创新服务平台、科技成果转化服务等一系列促进科技成果转化体系。

第二，企业在广州专利密集型产业中要起到主导作用。企业需要推动广州内的企业增加 R&D 经费研发投入，成为创新链乃至创新网络中技术创新和研发投入的主体，加快广州专利密集型产业创新能力提升和创新成果转化。其具体措施有：①专利密集型企业争取从政府获取资金补助，保证研发支出与正常生产成本费用分开、研发支出费用真实，受补助专利密集型企业不能弄虚作假骗取政府研发经费补助，应自觉接受审计、监督；②重视企业内部的技术研发、成果转化、技术服务、企业科技孵化等活动；③要改变科研补助实施方案，改变传统的科研项目管理体制，推动企业先研发后补助，具体做什么项目由企业决定，真正地推动企业成为科技创新和研发投入的主体。

第三，让市场需求带动高校、科研院所创新。尽管广州是广东省的科技中心，高校和科研机构大概占了全省的 70%，科研人员数量和科技成果也占大概 70%，但广州最大的短板在于科技转化程度不高。对于专利密集型产业来说，决定其创新体系的主要阶段是知识产权要素向经济绩效的转化阶段。在专利转化为生产力方面，许多"沉默专利"所蕴含的价值由于没有合适的"孵化土壤"而丧失了其潜在的价值，目前专利技术产业化和市场化的法规、财政、税收等政策还有待完善，要在增强专利密集型产业竞争力和更好地为经济发展提供动力上下功夫。地方政策应当将注意力从关注知识产权要素的产出转变到关注知识产权要素的投入，不是一味地强调专利申请量、发明专利申请量或者授权量，而是应当追踪知识产权要素究竟在向经济效益、社会软实力等转变的过程中起到什么样的作用，从而在整体上提升知识产权密集型产业的研发投入、创新产出及经济效益与社会影响力联动体系的绩效。一方面，地方政府需要在知识产权要素的产出、投入运用管理中，将被动的推式管理转向主动的拉式管理，从源头的市场需求出发实现产学研体系的系统融合，才能使创新的产出更有价值。许多专利的转化率不高，部分原因是科研机构及高校的专利虽多，但与市场需求相差甚远，应参照日本与美国等国的产学研体系设立类似市场需求部的机构，以市场的需求拉动高校及科研机构的研究工作。另一方面，地方政府要转变知识产权评价指标，从重视量的指标转为转化率的指标，加大转化率指标的权重，并以此作为给予企业优惠政策的前提。广州的专利申请量不断上升，有很大原因是政府的政策驱动，政府往往根据企业专利申请量或授权量给予相应的扶持和优惠政策，但这只强调了知识产权要素的产出而没有关注知识产权要素的投入，相关政策的制定导向应逐步增加知识产权转化率、实施率的指标数量和权重，使之在专利绩效评价中发挥主要作用。此外，还需要统计广州现有高等学校、科研院所的科技成果转化情况，形成广州科技成果转化报告，让创新网络其他主体及高校、科研院所本身知晓创新成果转化情况，哪些行业、哪些专利转化得比较好，是通过怎样的转化途径，哪些成果可转化而未转化，哪些成果只有学术价值，而没有经济价值等信息；可以给予高校、科研院所自主决定权，自行决定其科技成果的合作实施、转让、对外投资等行为，完善其科技成果转化利益分享机制，骨干人员获得更多的利益分成；企业可以制定股权激励、年终分红等，积极调动其合作的高校、科研院所创新。

2. 加快专利密集型产业发展，扩大其产业规模

现阶段广州专利密集型产业的规模越大越有利于提高创新效率。因此，要充分利用产业规模的正向促进作用。

2010~2014 年，广州发明专利密集型产业增加值合计为 1.75 万亿元，占同期广州增加值的 27%。从变化趋势来看，2010~2014 年，广州发明专利密集型产业增加值平均每年增长 9.8%，略低于同期 96 个行业的平均水平 10.49%，比 77 个非专利密集型产业的平均速度低 0.96 个百分点，从而，专利密集型产业对经济的贡献略有下降，其产值比重从 2010 年的 27.48%下降到了 2014 年的 26.79%。相比而言，广东发明专利密集型产业对广东经济的贡献从 2012 年的 34.59%上升到 2014 年的 35.05%，全国 2008~2012 年高专利密集型产业增加值年均增长 17.3%，不难看出，广州发明专利密集型产业增长速度有待进一步提高，具体建议如下。

第一，加大科技创新投入。根据广州社会科学院的《广州创新型城市发展报告（2014）》，2012 年，广州知识密集型服务业创造的增加值为 3527.4 亿元，占全市生产总值比重为 26%，低于北京（43.8%）、上海（27.4%）。从从业人员来看，占全社会就业人员比重为 11.3%，不及北京（32.2%）、深圳（18.5%）、上海（17.2%）。从国内有效发明专利来看，广州仅为北京的 1/5、上海的 1/3、深圳的 1/4。另外，广州知名的创新型企业也相对偏少。该报告认为，广州推进创新型城市动力不足，除体制机制因素外，财政科技投入明显偏低。数据显示，2013 年，广州科学技术总支出 24.3 亿元，不足北京（179.2 亿元）的 1/5、上海（131.5 亿元）的 1/4、深圳（120.5 亿元）的 1/4。2012 年，广州规模以上工业企业研发支出为 158.06 亿元，相当于北京（197.34 亿元）的 80%、上海（371.51 亿元）的 43%、深圳（461.87亿元）的 34%。从产业吸纳就业的能力及其变动趋势不难发现，广州发明专利密集型产业仍离不开劳动力密集这一比较优势，但正在逐步转型，尚处于由劳动密

集型向技术密集型转变的初期，产业的发展越来越依靠创新驱动，因此，需要增加财政支出中科技经费支出的比重，强化科技投入的法定增长，促进发明专利密集型产业向价值链高端攀升。

第二，优化财政科技投入结构。优化财政性研发经费投入结构，引导创新资源向符合广州战略需求的发明专利密集型产业集聚，努力提高产业专利密集度；优先支持企业技术中心等研发机构建设，加强财政资金对企业引导的产业专利池和专利组合的支持，促进专利由数量速度型向质量效益型转变。

第三，加快各项政策落实，营造激励创新的制度环境。扩大增值税税率优惠政策的覆盖面，对发明专利密集型企业实行低增值税税率政策；全面落实研发费用加计扣除政策，允许企业自立项目享受该政策；加快出台职务发明条例，切实保障研发人员利益；加大专利保护力度，提高专利行政和司法救济途径的高效性和便捷性。

3. 加快专利密集型产业的集聚发展，提高产业集中度

现阶段广州专利密集型产业的集聚发展有利于提高创新效率，然而，从表5-11广州各工业行业的区位熵指数，不难看出，广州专利密集型产业的集聚程度不是很高，仍然有较大的提升空间，虽然化学原料及化学制品制造业、医药制造业等专利密集型产业区位熵指数高于工业行业平均水平，但非金属矿物制品业、金属制品业等专利密集型产业的集聚程度不高，进步空间较大。姜海宁等（2011）对中国制造业500强企业总部区位分布进行了研究，发现珠江三角洲地区于2004年开始退出 500 强企业总部设置热点区，且其衰退趋势日益明显，同时广州在2007 年就处于总部设置冷点区，且这种情况并没有改善，这在一定程度上与广州的产业集聚状态形成的产业集聚效果未达到理想状态有关，根据内生增长理论，产业集聚效果不佳制约了技术创新，导致广州专利密集型产业出现经济绩效不佳的结果。

表5-11　广州专利密集型产业集聚度

行业名称	行业代码	2007 年	2008 年	2009 年	2010 年	2011 年	2012 年	2013 年	2014 年
化学原料及化学制品制造业	26	2.24	2.22	2.20	2.16	2.17	2.31	2.15	2.09
医药制造业	27	1.57	1.51	1.34	1.28	1.16	1.35	1.25	1.22
非金属矿物制品业	30	0.43	0.38	0.34	0.34	0.26	0.30	0.28	0.24
金属制品业	33	0.59	0.60	0.52	0.56	0.50	0.56	0.49	0.48
通用设备制造业	34	1.46	1.30	1.13	1.08	0.96	1.33	1.27	1.18
专用设备制造业	35	0.61	0.69	0.57	0.66	0.66	0.66	0.63	0.59

行业名称	行业代码	2007 年	2008 年	2009 年	2010 年	2011 年	2012 年	2013 年	2014 年
汽车制造	36	5.11	5.00	4.75	5.42	4.63	4.88	4.49	4.51
铁路、船舶、航空航天和其他运输设备制造业	37	2.18	2.12	2.32	2.74	2.43	3.09	2.91	3.44
电气机械及器材制造业	38	0.54	0.56	0.51	0.51	0.46	0.54	0.53	0.55
通信设备、计算机及其他电子设备制造业	39	0.35	0.38	0.48	0.54	0.54	0.54	0.48	0.50
仪器仪表及文化、办公用机械制造业	40	0.38	0.44	0.51	0.87	1.62	0.72	0.65	0.58
金属制品、机械和设备修理业	43	1.52	1.59	1.58	1.81	1.58	3.39	1.70	1.86
电力、热力的生产和供应业	44	1.24	1.29	1.29	1.20	1.20	2.82	1.29	1.39
41 个工业行业平均区位熵		1.07	1.05	1.00	1.04	1.08	1.16	1.02	1.02

要提高专利密集型产业的创新效率，需要实现产业的集聚发展。广州可以借鉴各地经验，总结出一条适合广州的创新路径。例如，哈尔滨作为老工业基地之一，2000 年来却受经济形势的复杂和增长形势的缓慢影响，因此哈尔滨采取了一系列振兴措施，其中之一便是打造产业集群，增强集群效应，具体包括先对重点项目、企业进行需求分析，再梳理整机企业和配套企业的能力水平，最后支持重点集团企业展开产业链、创新链的融合打造。广州可以借鉴哈尔滨的经验，融合科技成果发展产业链与创新链，推进配套产业建设，引进重点企业，特别是全球 500 强企业、高新技术企业和知识密集型企业，形成广州独有的专利密集型产业集聚效应。同时，强调广州专利密集型产业空间集聚溢出效应的作用，即同类企业的竞争效应和知识外溢效应。同类专利密集型企业集聚在一起，竞争激烈，企业为了生存而被迫进行技术创新，进而转化成为技术进步，企业间的知识交流和知识外溢也成为创新的一条途径，这也是学术界对产业集聚 Porter 外部性理论的普遍看法。

4. 完善金融市场，营造良好的创业投资环境

基于广州科技创新能力不强、科技成果转化效果不佳等情况，2012 年广州市委员会、市政府贯彻《中共中央　国务院关于深化科技体制改革加快国家创新体系建设的意见》，推出促进广州新型城市建设的一系列地方措施如《广州市人民政府办公厅关于促进科技、金融与产业融合发展的实施意见》（穗府办〔2015〕26 号）。

2017 年，广州已在专利抵押贷款领域进行了初步探索。例如，2017 年 5 月，广州开发区广州迪森热能技术股份有限公司与平安银行广州分行在国家知识产权局专利局广州代办处办理专利质押登记手续，正式获国家备案登记，出质方广州迪森热能技术股份有限公司获得 5000 万元专利质押贷款，这说明广州知识产权投融资试点工作有了一定的成效。但通过梳理广州科技创新委员会、广州知识产权局、广东知识产权局及广州统计信息网等的资料，发现广州金融经济环境与科技成果转化之间仍然存在以下矛盾。

第一，科技与金融结合不紧密，科技发展与金融环境发展不同步。2016 年，广州全年规模以上高技术制造业增加值 664.55 亿元，增长 7.5%，其中医药制造业增长 17.8%，航空航天器制造业下降 4.8%，电子及通信设备制造业增长 7.2%，电子计算机及办公设备制造业下降 2.6%，医疗设备及仪器仪表制造业增长 5.1%，根据 2016 年广州市统计局发布的《2016 年广州市国民经济和社会发展统计公报》整理得到广州部分专利密集型产业产值 2012~2016 年增长情况（表 5-12），可以看出专利密集型产业产值有增长，但这种涨幅不够稳定，且部分制造业行业出现负增长情况。从 2012~2016 年《广州统计年鉴》整理得到广州科技基本情况数据（表5-13）和广州科技监测主要指标（表 5-14），发现没有政策性资金、各类投融资手段对广州专利密集型产业投资情况的统计数据，这也从侧面反映了广州金融环境对科技创新的影响不大，广州金融业与广州科技创新之间联系不够紧密，金融经济环境没有对专利密集型产业的发展起到很好的推动作用。

表5-12　广州部分专利密集型产业产值情况

项目	2012 年	2013 年	2014 年	2015 年	2016 年
全年规模以上高技术制造业增加值/亿元	—	498.37	601.19	642.52	664.55
全年规模以上高技术制造业增长比率	—	10.40%	9.70%	19.40%	7.50%
医药制造业增长比率	—	11.70%	5.50%	1.30%	17.80%
航空航天器制造业增长比率	—	8.90%	3.40%	−4.40%	−4.80%
电子及通信设备制造业增长比率	—	11.30%	8.50%	26.10%	7.20%
电子计算机及办公设备制造业增长比率	—	5.00%	13.90%	2.80%	−2.60%
医疗设备及仪器仪表制造业增长比率	—	1.40%	36.50%	8.90%	5.10%
全市累计有认定的高新技术企业/家	1389	1546	1662	1919	4740

表5-13 广州科技基本情况

项目	2011 年	2012 年	2013 年	2014 年	2015 年
市科技成果登记数（市属单位重大科技成果）/项	178	213	307	312	741
已投产应用/项	174	211	256	300	—
大中型工业企业研究与发展经费支出/亿元	119.30	134.58	134.78	152.19	160.95
专利申请数/件	28 097	33 387	39 751	46 330	63 366
专利授权数/件	18 346	21 997	26 156	28 137	39 834
城镇单位各类专业技术人员/万人	57.19	58.60	59.34	67.98	149.40

表5-14 广州科技监测主要指标

项目	2008 年	2009 年	2010 年	2011 年	2012 年	2013 年	2014 年	2015 年
每万人口专利申请量/（件/万人）	17.96	20.94	25.99	34.67	40.79	48.05	55.33	74.70
每万人口专利授权量/（件/万人）	10.38	14.06	18.85	22.64	26.88	31.62	33.6	46.96
每万人口发明专利授权量/（件/万人）	1.44	1.92	2.49	3.88	4.92	4.90	5.48	7.81
技术市场合同成交金额年增长率	40.65%	-0.26%	25.35%	16.61%	24.19%	12.48%	10.78%	7.75%
高新技术产品增加值占地区生产总值比重	13.31%	13.17%	14.83%	14.74%	13.33%	12.88%	12.64%	12.53%
工业高新技术产品产值占工业总产值比重	31.5%	32.8%	38.52%	40.25%	42.2%	42.79%	44.18%	43.7%

第二，科技创新型企业特别是中小微型科技企业资金比较缺乏。美国纳斯达克股票市场中有专门针对科技企业的小型股市场，其主要业务内容是解决科技型中小企业在快速发展过程中资金短缺的问题。在美国针对一般公司的上市标准有两条线，一是 400 万美元即可上市，二是达到 1200 万美元申请上市。在纳斯达克的小型股市场，只需公司的净资产达 12 万美元即可申请上市，相对来说美国的科技型企业上市标准宽松很多。对比美国科技型企业，广州的专利密集型企业解决资金缺乏问题则艰难许多，虽然这些科技型企业具有高成长、高创新、高收益等特性，但伴随而来的高风险性也是投资者望而却步的主要原因。

第三，针对科技发展的对口银行还未设立。截至 2021 年，广州还没有成立专门针对专利密集型企业的信贷服务和投资服务的银行，也没有成立商业银行的科技金融支行。

第四，广州专利密集型产业融资手段有限，通过上市、风险投资等手段融资还处于初步探索阶段。广州乃至全国的金融贷款都会出现这样的问题，企业大部分融资贷款来源于银行中介，而银行这类稳健型金融机构偏好向大中型企业、风险可控、可预期、可接受的项目发放贷款，这导致了银行的资金、资源、相关业务主要集中于这类企业和项目上，而资金需求更大、预期回报更高的中小微型专利密集型企业反而得不到贷款，无法解决资金短缺问题；广州专利密集型企业通过上市、再融资、发行债券及场外交易挂牌等融资方式还在不断探索中，主要在不断突破和解决投资、贷款、上市挂牌合作中上市指导、政策解读、各类融资手段对接等重点问题。

针对上述问题，需要多层面、多方向、抓大放小对重点问题逐个解决，具体措施如下。

一是促进创新链与金融链结合，加快科技成果转化，使广州创新链和金融链发展步调一致。建立财政科技经费扶持广州专利密集型企业发展机制，同时鼓励企业采用多层次融资手段。改变现有以政策性资金扶持专利密集型企业发展的状况，发展科技信贷和多层次融资手段并举，以解决广州专利密集型企业资金短缺问题。在这个问题上可以借鉴美国解决经验，多层次融资手段并存，以多层次股票市场满足科技型企业上市融资需求，以风险投资手段为高新技术企业初创期和高速成长期筹集资金，同时政府政策引导和科技信贷担保辅助。

二是设置各级政府政策性的天使投资款项、知识产权处置基金等，设置这类基金款项作用包括引导作用、挖掘作用及探索作用。广州市政府及下属各级单位应考虑设置政府性基金项目，解决促进广州专利密集型产业科技成果高效转化的问题。鉴于政府层面设立的投融资服务可能存在局部性、门槛较高、覆盖范围及资助力度不够等问题，这就需要这类基金发挥引导作用，引导基金吸收其他资本，挖掘来自社会的风险投资作为广州专利密集型产业科技转化的资金后盾，以探索专利密集型产业科技成果市场化路径。

三是营造良好的创业投资环境，对在广州设立的股权投资项目予以落户、补贴等实质性奖励。从创业投资环境角度解决广州专利密集型产业创新成果转化及市场化问题，以落到实处的政策优惠，让相关利益方能够真正从投资专利密集型产业科技成果项目中获利，这是投资者和广州专利密集型产业获得双赢的有效途径。《中华人民共和国促进科技成果转化法》中规定了关于创业投资环境方面的政策措施，广州也应加强促进科技成果转化的地方政策落实，如奖金、股权等科技人员激励措施，户口问题解决等。

四是增设科技发展对口银行，用于为科技创新型企业提供知识产权抵押贷款等融资服务，并制定利息补贴、保险补贴等措施对资金短缺的创新型企业予以补助。德国在对科技企业的金融银行服务上面成立了复兴银行和平衡银行，其首要帮助德国中小型科技企业发展，同样在日本也有类似的措施，德国和日本科技创新对经济发展的促进作用也有目共睹，这说明了科技转化对口银行的成立及相关业务的开展对科技转化的重要性。结合到广州实际，截至 2021 年还没有对专利密集型产业的对口银行，只是中国银行、广州银行、交通银行等有一些金融科技相关业务服务。

5.3.3　广州专利预警机制研究

随着企业专利意识觉醒及专利保护意识的增强，国际、国内专利纠纷案件逐渐增多。学术界关于专利预警机制建立的意义、如何建立、怎样提升预警效果等内容的研究也日益丰富起来。贺德方（2013）通过从国家、地方、行业、企业角度对国内专利预警机制进行研究，以实地走访、面谈、问卷调查等方式分析了专利权主体的预警机制建设，认为建立起中国的专利预警机制是推动创新型国家建设的重要保障。以专利密集的电力行业为例，刘怡（2014）在对电力行业企业可能存在的风险进行运营全生命周期动态分析时，将其分为检索阶段风险、研发阶段风险、申请阶段风险和实施阶段风险。同时她认为建立起电力企业专利预警机制有利于规避专利风险、实现专利管理战略、健全专利风险管理体系和提高自主创新能力。牛士华（2015）研究了江苏高新技术企业专利预警机制的构建问题，认为预警机制可以对可能出现的重大专利争端风险进行预测，并通过向相关政府部门、行业组织、企业决策层报告相关信息，以维护江苏高新技术产业经济安全。可以看出，学者从建立专利预警机制的必要性出发，剖析专利可能存在的风险并给出如何建立预警机制的建议。本部分在明确建立广州专利密集型产业预警机制重要性的基础上，结合广州专利预警机制的发展状况，提出相关政策建议。

1. 广州专利密集型产业专利预警机制发展状况

广州在 2017 年 6 月被国家知识产权局授予首批国家知识产权强市创建市，同年 7 月，《广州市人民代表大会常务委员会关于〈广州市知识产权事业发展第十三个五年规划〉的决议》正式印发。知识产权是创新驱动发展战略的核心，是广州专利密集型产业的基底和支柱，该文件的制定颁布，体现了广州对知识产权工作的重视，对大力发展创新驱动的专利密集型产业的决心，对重点发展广州高科技企业、提升国际竞争力、增强广州城市核心竞争力有十分重要的作用。在知识产权强市建设过程中，对专利的预警机制建设也在不断发展。早在 2013 年，广州的广东威创视讯科技股份有限公司等 4 家企业在广东省重点出口产品专利预警分析计划项目中获得立项资助，项目周期为 1 年，广州市知识产权局承担项目实施指导和服务，以及经费决算、验收、绩效评价等工作，这为广州专利预警机制奠定了良好的基础。广东省知识产权局的数据显示，2016 年广州申请受理专利 99 070 件，同比增长 56.52%，授权专利 48 313 件，同比增长 21.28%。2016 年广州知识产权行政执法受理案件共 1154 件，包括 313 件侵权案件、71 件其他案件、770 件查处假冒专利行为案件；结案案件 1114 件，结案率达 96.53%[①]。从广州 2012~2016 年专利纠纷案件受理和结案情况（表 5-15）[②]来看，无论是受理数还是结案数都在快速增长，而且，由于专利密集型产业主要集中在制造业，因此专利纠纷也主要集中在制造业。

表5-15　2012~2016年广州专利纠纷案件受理及结案数　　　　单位：件

项目	2012 年	2013 年	2014 年	2015 年	2016 年
专利纠纷案件受理数	56	159	179	234	384
专利纠纷案件结案数	81	124	138	249	344

尽管广州专利预警建设已取得一定的基础，但针对广州专利密集型产业的专利预警机制还存在以下问题。

一是没有成体系的政策、制度的安排。广州目前的专利预警建设主要集中在重点产品出口方面，这与国外较为注重知识产权意识特别是专利保护有很大关系。而国内正是由于专利保护意识不太强，其预警机制建设发展较为缓慢，就广州而言，《广州市专利工作专项资金管理办法》和《广州市专利工作专项资金（专项发展资金）项目管理细则》对重点出口产品专利预警分析项目进行资助和管理。这在一定程度上反映了广州专利密集型产业预警机制建设的政策条例缺失及预警机制制度覆盖面较窄，还未成体系。

二是专利密集型企业、高校、科研院所等欠缺专利预警意识。作为广州专利密集型产业创新主体的企业、高校及科研院所，建立起专利预警机制有助于防范专利侵权问题。事实上在创新主体专利维权上存在的主要问题是专利维权成本大于可挽回损失，这导致创新主体维权意识淡薄及维权措施实施情况不理想。树立专利预警意识，能够使创新主体增强自我知识产权防范，进而采取一些必要行动以避免遭受专利侵权及法律诉讼问题。

三是广州专利密集型产业预警机制建设资源缺乏。广州虽然有专利信息检索平台，但针对现有技术挖掘，产业区域布局、产业技术演化态势等大数据深度挖掘平台较为缺乏。建立起广州专利信息大数据深度挖掘平台，不仅可以使创新主体避免陷入侵权纠纷，还弥补了广州专利密集型产业数据挖掘领域的空白，为广州专利密集型产业预警机制的建设和完善奠定基础。

[①] 数据从广东省知识产权局网站整理得到。
[②] 由 2012~2016 年广东省专利统计数据小册子整理得出广州专利纠纷数据。

2. 加快推进广州专利预警机制建设的政策建议

一是完善广州专利密集型产业专利保护政策规范，成立有针对性的广州专利密集型产业企业知识产权维权中心等。现有知识产权保护法包括《中华人民共和国商标法》《中华人民共和国专利法》等法律，而专门针对专利密集型产业专利保护政策条例还在探索中，且广州专利密集型产业企业知识产权（专利）维权中心等类似保障企业专利权益的机构也还未设立。但广州可以充分利用广东省知识产权局和国家知识产权专利局专利审查协作广东中心的管理、人才和信息资源，实现广州专利密集型行业预警分析和数据利用等。

二是发挥龙头企业引领作用及企业自我检查机制。政府部门或行业协会与行业前列企业签订知识产权（专利）保护战略，探索专利密集型产业知识产权（专利）保护新模式。与广州重点专利密集型企业签订联合开展知识产权（专利）保护协议，不仅能有针对性地识别和实践专利预警及保护机制，作为广州专利密集型行业专利预警的探索，还能够为全行业实现自我检查机制做铺垫。

三是相关部门开展专项行动，对广州专利密集型产业中的专利纠纷案件进行专项治理。对专利集中的 12 类制造业企业存在的专利纠纷案件分门别类治理，包括涉外专利纠纷、外观设计专利权纠纷、专利申请权转让、专利权归属等类型。在认真践行《广州市处理专利纠纷办法》的基础上，改进增设对特定纠纷案件的处理办法。

四是成立广州专利信息服务平台。这一平台的成立和运营有利于广州专利密集型产业各创新主体掌握产业发展动向，了解企业技术应用和研发方向，合理应用国内外现有专利技术，以及优化专利密集型产业专利技术布局，提升专利预警服务力量。

5.4　本章小结

专利密集型产业是以发明专利为核心生产要素的产业，是最直接依赖于专利保护的产业，也是关键技术和核心技术的主要生产载体，具有较强的创新能力，在经济中具有重要的战略性位置，对提高城市的国际竞争力具有战略意义。用产业五年内发明专利授权数与五年内平均就业人数的比值来计算产业专利密度，从而确定专利密集型产业。2010~2014 年，广州经济各行业平均专利密度为 10.95 件/万人，远高于同期广东省的平均水平（4.44 件/万人）。从变化趋势来看，广州专利密度呈现上升趋势，从 2008~2012 年的 8.52 件/万人，上升到 2010~2014 年的 10.95 件/万人，从 2008~2012 年到 2010~2014 年广东省专利密度从 6.02 件/万人下降到 4.44 件/万人。

广州专利密集型产业集中于 12 类制造业。在三次产业中，第二产业为专利密集型产业，专利密度为 26.09 件/万人。20 个门类中，电力、煤气及水的生产和供应业，制造业，居民服务和其他服务业等 3 个门类为专利密集型产业，专利密度为 28.06 件/万人。96 个大类行业中，19 个大类行业是专利密集型产业，占大类行业数的 19.79%，其平均专利密度为 47.28 件/万人。41 个工业大类平均专利密度为 28.64 件/万人，13 个工业大类（其中 12 个为制造业）是专利密集型行业，占工业行业数的 31.70%，其平均专利密度为 48.21 件/万人。

广州专利密集型产业对经济社会的贡献低于同期广东省的平均水平。2010~2014 年，广州专利密集型产业增加值为 1.75 万亿元（2008 年可比价），占广州增加值的 27%，低于同期广东省的 35.05%；广州专利密集型产业平均每年创造 165.28 万个就业岗位，占广州年平均就业的 21.59%，低于同期广东省的 22.82%。但广州专利密集型产业平均的劳动生产率较高，2010~2014 年为 21.22 万元/人，明显高于非专利密集型产业的水平（15.80 万元/人），而且呈现上升趋势。同时，专利密集型工业对广州经济社会发展贡献巨大，表现为：第一，2010~2014 年，广州专利密集型工业增加值合计为 1.47 万亿元，占同期工业增加值的 69.63%；第二，专利密集型工业平均每年创造 84.50 万个就业岗位，占工业就业的 54.82%；第三，专利密集型工业劳动生产率为 34.74 万元/人，高于工业平均水平（27.35 万元/人）；第四，专利密集型工业平均每百元主营业务投入可产生利润 9.68 元，高于平均水平（7.80 元）；第五，专利密集型工业是广州工业出口的主体，2014 年，专利密集型工业出口交货值为 0.24 万亿元，占工业出口交货值的 76.92%。

创新绩效是对整个创新活动过程中的创新效率的衡量，本章采用规模报酬可变的两阶段关联网络 DEA 模型，对广州工业创新的整体技术效率及子过程的技术效率进行测量，结论如下。第一，2006~2012 年，专利密集型产业创新效率高于非专利密集型产业及三次产业的平均水平，但其水平仍然不高，为 0.4033，还有很大的提升空间。专利密集型产业的创新效率呈现出明显的阶段性，2006~2009 年相对稳定；2009~2012 年上升趋势较为明显，这主要得益于广州专利政策的引导。第二，从创新过程来看，2006~2012 年专利密集型产业两个阶段的创新效率相差不大。第一阶段的创新效率值为 0.6104，表明专利密集型产业创新的科技研发环节效率不够高，还存在一定的创新资源浪费。从变化趋势来看，其有效性是提升的。广州专利密集型产业的科技成果与经济结合的有效程度（0.6342）要高于整体的技术创新效率（0.4033）和第一阶段的效率（0.6104），虽然创新活动对经济做出的贡献还比较有限，但是从发展趋势看，其对经济的贡献明显加大。第三，创新效率表现出明显的行业差异性，不同行业创新效率的决定因素不同，如电气机械和器材制造业整体创新效率较高主要在于创新两个阶段的效率都较高，而且两个阶段之间的合作、协调和沟通比较有效；导致金属制品、机械和设备修理业创新效率低下的环节主要在于科技研发阶段，加上两个阶段之间的合作、协调和沟通处理不好限制了整体效率的提升；通用设备制造业创新效率低下的环节主要在于经济产出阶段；化学原料和化学制品制造业创新效率低下的环节主要在于科技研发阶段；其他制造业创新效率低一方面是由于创新两阶段的效率都很低，另一方面是由于两个阶段之间的合作、协调和沟通处理不好。具体可以将专利密集型产业分为四类。高科技研发和高经济产出效率行业在创新的两个子阶段皆表现出较高的效率，说明这些行业的相关创新机制尤其是创新资源配置机制运行良好，属于高效集约型的技术创新；高科技研发和低经济产出效率行业的科技投入产出相关机制运转良好，但在创新能力的发展培养过程中，存在瓶颈或者是遗漏点，出现了科技与经济脱节的"两张皮"现象，造成了创新未能充分发挥对经济发展所应有的促进作用，需为这些行业的科技成果转化工作、科技成为第一生产力创造条件，可从建立以企业为核心的产学研紧密结合的机制方面着手，进一步树立市场导向机制，建立有效的风险投资机制，营造良好的创业和创新环境等；低科技研发和高经济产出效率行业的科技转化相关机制运作良好，科技成果的转化效率相对较高，但较大的研发投入并未带来相应的科技产出，应当充分认识对外部科技成果的过分依赖会有可能限制该行业的科技可持续发展，需将在技术引进基础上的学习和再创新作为增强其自主创新能力的重要路径，提高集成创新能力和引进消化吸收再创新能力，短缩自主创新的周期，同时注重基础研究，开展产学研合作创新，提高员工的基本素质和创新能力等；低科技研发和低经济产出效率行业则在科技研发阶段投入了大量资金但不注重效率，或在经济转化阶段盲目投资，不注重投资质量，导致了创新资源的存在极大浪费，属于粗放式低水平的技术创新，因此，需调整相关技术政策和制度，充分认识到提高创新能力工作中的难点，重点从人才战略和环境建设入手，在提升研发效率的同时，促进科技成果的商业化。

从产业本身的发展阶段与特征层面、创新环境与制度层面找寻影响创新绩效的主要因素，结果发现，从产业本身的发展阶段与特征层面来看，产业集中度、产业规模、知识的吸收能力等对整体创新效率产生显著影响。从创新环境与制度层面来看，专利集中度、政府研发资助等对整体创新效率产生显著影响，同时，随着创新效率的不断演变，滞后期创新效率值对本期产生了显著的正向影响。其中，滞后期创新效率、产业规模和产业集中度指标均在10%的检验水平下显著，说明创新效率提升是一个逐渐改善的过程，需将技术创新活动作为一项长期工作来开展，现阶段专利密集型产业的规模越大、产业集中度越高，越有利于创新效率的提高。政府研发资助在10%的显著性水平下与创新效率正相关，表明政府支持有利于产业创新效率的提升。知识的吸收能力和专利集中度对创新整体阶段效率有显著的负向影响。

事实上，除了产业本身的发展阶段与特征、创新环境与制度会影响产业创新绩效外，创新合作与网络建设情况也会影响产业的创新绩效。考虑到广州专利密集型产业对经济社会的贡献低于同期广东省的平均水平，而且创新效率水平仍然不高，还存在一定的创新资源浪费，创新活动对经济做出的贡献还比较有限，本章从创新网络建设、产业发展和创新环境建设等三个方面提出广州专利密集型产业的创新路径，建议广州构建产学研创新网络，合理定位各创新主体的作用，让市场需求带动创新；加快专利密集型产业发展，扩大其产业规模；加快专利密集型产业的集聚发展，提高产业集中度；完善金融市场，营造良好的创业投资环境。

专利密集型产业是专利纠纷的重灾区，尽管广州专利预警建设已取得一定的基础，但针对专利密集型产业的专利预警机制还存在诸多问题。一是没有成体系的政策、制度的安排；二是专利密集型企业、高校、科研院所等欠缺专利预警意识；三是广州专利密集型产业预警机制建设资源缺乏。因此，有必要加快推进广州专利预警机制建设，一是完善广州专利密集型产业专利保护政策规范，成立针对性的广州市专利密集型产业企业知识产权（专利）维权中心等；二是发挥龙头企业引领作用及企业自我检查机制；三是相关部门开展专项行动，对广州专利密集型产业中的专利纠纷案件进行专项治理；四是成立广州专利信息服务平台，提升专利预警服务力量。

第6章 结论与政策建议

创新是引领发展的第一动力，创新是建设现代化经济体系和中国经济高质量发展的战略支撑，保护知识产权就是保护创新。专利数据是创新能力的重要指标，相比于专利数量，城市专利质量水平更能衡量一个区域的创新能力，地方政府需要更加注重提升城市专利质量水平才能应对地区间激烈的竞争。提升城市专利质量水平是实施创新驱动发展战略，推动地区经济高质量发展的重要举措。本书研究的主要结论如下。

（1）城市专利质量界定为专利对城市形成综合竞争力的影响程度，可由专利结构指标、专利法律稳定性指标、专利技术先进性指标、专利市场运营性指标等宏观与微观四个层面指标来衡量。对全国 279 个地级及以上城市 2001~2013 年各年份的城市专利质量进行评价，结果显示，城市专利质量呈现东高西低的特征，且广东、江苏、浙江等经济强省城市专利质量较为突出。

（2）中国城市专利质量存在着明显的时序与空间特征。①从时序维度看，中国城市专利质量呈现缓慢上升趋势，仍有较大的可提升空间；中国城市专利质量差异总体呈先上升后下降趋势，从长期看可能存在条件收敛现象。②从空间维度看，中国城市专利质量具有独特空间依赖性与异质性。一方面空间集聚现象突出，高-高、低-低、高-低、低-高集聚类型并存，长江三角洲地区、珠江三角洲地区等地城市专利质量一直呈现高-高集聚，且辐射周边小城市群；城市专利质量低-低集聚区主要集中在我国西部城市；而高-低和低-高集聚的异质性城市单元的比重由 2001 年的 6.45%增加到 2013 年的 12.19%，区域的不平衡性呈现持续增加的趋势。另一方面，总体上中国城市专利质量差异表现出先上升后下降趋势，区域上呈现东高西低的特征，除中部地区外其余地区均出现了俱乐部收敛情形。

（3）广东城市专利质量均值远远大于全国城市专利质量均值。①从时序上看，广东城市专利质量呈现先增加后减少的趋势，且地级及以上城市间的专利质量差距也呈现先增加后减小的趋势，广东城市专利质量聚集并不显著。②从空间上看，通过聚类分析进一步发现，珠江三角洲九市除肇庆和江门外，均具有高人均 GDP、高专利数量、高专利质量的发展特征；剖析粤港澳大湾区两座中心城市广州和深圳的城市专利质量结构，发现深圳虽在整体上具有较强的创新能力，但仍然在城市技术质量和城市运营质量上存在短板。将城市专利质量对技术转化过程影响进行实证检验，发现城市专利数量对技术转化成果有负向的显著性影响，劳动力、固定资产存量、专利质量对技术转化成果有正向的显著性影响。

（4）本书测度了城市专利质量水平与制造业及生产性服务业协同集聚度，实证检验了产业协同集聚对城市专利质量提升的作用大小、机制途径及异质性影响，并得出如下结论。①制造业与生产性服务业协同集聚能显著提升城市专利质量水平，产业协同集聚是提升地区创新能力的空间前提条件。②对主要影响机制的探讨表明，知识外部性溢出与分工深化是导致城市专利质量提升的主要中介渠道，二者协同集聚和良性互动最终将会促进知识流动溢出，新产品新部门新业态的产生，从而形成"双轮驱动"的提升效应。然而，由于我国专利交易市场的不成熟，创新成果转化加速的作用机制仍不明显。③分产业、分地区、分行业探讨影响效应的异质性结果表明，东部及大城市其协同集聚对城市专利质量的促进作用更加明显，制造业与金融业、科研综合技术服务业、水利环境和公共设施管理业三个生产性服务业子行业的协同集聚更为显著。

（5）专利密集型产业是以发明专利为核心生产要素的产业，是最直接依赖于专利保护的产业，也是关键技术和核心技术的主要生产载体，具有较强的创新能力，在经济中具有重要的战略性地位，对提高城市的国际竞争力具有战略意义。用产业五年内发明专利授权数与五年内平均就业人数的比值来计算产业专利密度，确定专利密集型产业。广州专利密度呈现上升趋势，从 2008~2012 年的 8.52件/万人，上升到 2010~2014 年的 10.95 件/万人；广州专利密集型产业集中于 12类制造业；专利密集型工业对广州经济社会发展贡献巨大，广州专利密集型产业对经济社会的贡献低于同期广东省的平均水平；从产业本身的发展阶段与特征层面、创新环境与制度层面找寻影响创新绩效的主要因素，结果发现，产业集中度、产业规模、知识的吸收能力等对整体创新效率产生显著影响。

结合本书研究结果，提出如下政策建议。

第一，积极落实知识产权强国策略，全面提升全国城市专利质量。保证技术创新研究的经费开支，增加对科研人员进行必要的物质奖励，加大投入提高专利审查水平和专利代理人撰写水平，完善专利质量评估体系，完善专利资助政策，加大知识产权保护宣传力度，加强创新意识培养，加强专利运用与技术转化，完善向国外申请专利的审批程序，从城市专利的结构质量、专利法律质量、专利技术质量、专利市场运营质量等多层面提升中国专利质量水平，增强中国城市国际竞争力。加快交通与通信等基础设施建设，加快培养高素质、多样化、创新型高端人才，完善城市软环境建设，为专利创新提供良好的区域环境。鼓励企业与大学、科研机构等"虚拟创新体系"的建立，大力发展以专利池和专利组合为对象的技术转移机构，不断完善专利服务体系与平台建设，激发企业专利创新的潜能。建立健全完善的专利成果转化和风险共担机制，加速专利成果转化为现实生产力。

第二，加强专利运用与技术转化，增强创新对经济的作用。加快由要素驱动到创新驱动的经济动能转换，推进企业与大学、科研机构"虚拟创新体系"的建立，充分发挥高技术产业的集聚效应，形成科学的区域城市创新分工体系。支持高校和科研机构设立内部技术转移办公室，大力发展以专利池和专利组合为对象的技术转移机构。减少全国城市专利质量的不平衡性，充分发挥京津冀地区、长江三角洲地区、粤港澳大湾区三大城市群的技术人才和产业发展优势，在技术创新、生产性服务业方面实现新的突破。优化产业布局，形成产业集聚区统筹发展新模式，加速制造业与生产性服务业协同集聚，并充分发挥专利知识和技术的扩散效应，辐射带动中西部城市的专利质量进一步提升，努力实现中国经济社会和创新的协调发展。

第三，提升广东城市专利质量，加快转型发展，增强创新对经济的作用。加快广东由要素驱动到创新驱动的经济动能转换，推进企业与大学、科研机构"虚拟创新体系"的建立，充分发挥高技术产业的集聚效应，形成科学的区域城市创新分工体系，提升广东城市专利质量。加强专利运用与技术转化。要支持高校和科研机构设立内部技术转移办公室，大力发展以专利池和专利组合为对象的技术转移机构。

第四，实施制造业与生产性服务业"双轮驱动"战略，释放城市创新经济效应。区域产业发展与创新规划具有战略目标的一致性，必须做好产业政策与城市空间开发的顶层规划，促进产业协同集聚的创新效应形成。充分利用制造业与生产性服务业在空间上集聚加速要素的自由流动，提高专利投入和产出要素空间配置效率，搭建产业间协同技术创新平台，降低专利创新成本，以创新引领城市经济高质量发展和吸引各类要素的进一步集聚。

第五，创新网络建设、产业发展和创新环境建设等是影响广州专利密集型产业创新绩效的重要因素，因此有以下建议。广州构建产学研创新网络，合理定位各创新主体的作用，让市场需求带动创新；加快专利密集型产业发展，扩大其产业规模；加快专利密集型产业的集聚发展，提高产业集中度；完善金融市场，营造良好的创业投资环境。加快推进广州专利预警机制建设，一是完善广州专利密集型产业专利保护政策规范，成立有针对性的广州市专利密集型产业企业知识产权（专利）维权中心等；二是发挥龙头企业引领作用及企业自我检查机制；三是相关部门开展专项行动，对广州专利密集型产业中的专利纠纷案件进行专项治理；四是成立广州专利信息服务平台，提升专利预警服务力量。

参 考 文 献

白俊红，蒋伏心. 2015. 协同创新、空间关联与区域创新绩效. 经济研究, 50（7）：174-187.

陈佳贵，王钦. 2005. 中国产业集群可持续发展与公共政策选择. 中国工业经济,（9）：5-10, 33.

陈建军，刘月，邹苗苗. 2016. 产业协同集聚下的城市生产效率增进——基于融合创新与发展动力转换背景. 浙江大学学报（人文社会科学版）, 46（3）：150-163.

陈劲，陈钰芬. 2006. 企业技术创新绩效评价指标体系研究. 科学学与科学技术管理,（3）：86-91.

陈伟，刘锦志，杨早立，等. 2015. 高专利密集度产业创新效率及影响因素研究——基于 DEA~Malmquist 指数和 Tobit 模型. 科技管理研究,（21）：1-6.

陈欣. 2017. 珠三角九市专利实力现状与提升对策研究. 科技管理研究,（23）：186-191.

陈泽聪，徐钟秀. 2006. 我国制造业技术创新效率的实证分析——兼论与市场竞争的相关性. 厦门大学学报（哲学社会科学版）,（6）：122-128.

程中华，刘军. 2015. 产业集聚、空间溢出与制造业创新——基于中国城市数据的空间计量分析. 山西财经大学学报,（4）：34-44.

戴一鑫，李杏，晁先锋. 2019. 产业集聚协同效度如何影响企业创新——"地理、技术、组织"共生演化的视角. 当代财经,（4）：96-109.

丁焕峰. 2006. 学习与区域创新发展. 北京：中国经济出版社.

丁焕峰，邱梦圆. 2018. 技术创新领域的选择、专业化与区域经济增长. 审计与经济研究, 33（5）：89-99.

丁焕峰，周艳霞. 2020. 中国城市经济增长质量时空演进研究. 北京：科学出版社.

董成. 2011. 产业集中度与企业创新绩效相关性研究——基于中国高技术产业的实证研究. 经济研究导刊,（21）：167-168.

段德忠，杜德斌，谌颖，等. 2018. 中国城市创新技术转移格局与影响因素. 地理学报, 73（4）：738-754.

范小秋，顾伟红，姚建民. 2014. 从主要专利指标看苏州专利发展. 中国科技信息,（3）：215-218.

高健. 2004. 全球创业观察与中国创业活动分析. 南开学报,（1）：20-21.

高山行，郭华涛. 2002. 中国专利权质量估计及分析. 管理工程学报,（3）：66-68.

葛仁良. 2006. 我国专利综合评价指标体系的设计与构建. 统计与决策,（15）：55-56.

谷丽，郝涛，任立强，等. 2017. 专利质量评价指标相关研究综述. 科研管理,（S1）：27-33.

顾乃华，毕斗斗，任旺兵. 2006. 生产性服务业与制造业互动发展：文献综述. 经济学家,（6）：35-41.

官建成, 钭蜀明. 2007. 技术创新绩效的产业分布与演变. 中国科技论坛, （9）: 26-32.

国家知识产权局规划发展司. 2015. 国际专利分类与国民经济行业分类参照关系表（试用版）. 专利统计简报, （23）: 1-602.

韩峰, 王琢卓, 阳立高. 2014. 生产性服务业集聚、空间技术溢出效应与经济增长. 产业经济研究, （4）: 1-10.

韩福桂, 佟振霞. 2016. 高质量专利的成长之路——源于发明人、专利代理人和审查部门的多方合力. 中国发明与专利, （3）: 59-62.

何甜田. 2014. 我国专利质量问题研究. 山东大学硕士学位论文.

何伟艳. 2012. 我国制造业研发投入对技术创新绩效影响的实证研究. 沈阳大学硕士学位论文.

贺德方. 2013. 中国专利预警机制建设实践研究. 中国科技论坛, （5）: 118-124.

贺化. 2013. 专利与产业发展系列研究报告. 北京: 知识产权出版社.

赫英淇, 唐恒. 2017. 构建提升专利质量的政策体系研究——从市场需求出发. 知识产权, （2）: 99-103.

侯金志. 2015. 创新型省份建设背景下江苏省专利质量问题研究. 中国矿业大学硕士学位论文.

胡云飞. 2012. 金融创新对货币政策利率传导影响的实证研究. 武汉金融, （3）: 21-22.

黄丽君, 李娟娟. 2018. 基于专利转化视角的专利质量多维度考量. 中国发明与专利, （2）: 45-52.

黄庆, 曹津燕, 瞿卫军, 等. 2004. 专利评价指标体系（一）——专利评价指标体系的设计和构建. 知识产权, （5）: 25-28.

黄微, 毕强, 张景坤. 2008. 技术产权交易市场效率评价指标体系构建研究. 情报科学, （3）: 53-55.

黄祎, 葛虹, 冯英浚. 2009. 基于链形系统的关联网络 DEA 模型: 以我国 14 家商业银行为例. 系统工程理论与实践, 29（5）: 106-114.

江曼琦, 席强敏. 2014. 生产性服务业与制造业的产业关联与协同集聚. 南开学报（哲学社会科学版）, （1）: 153-160.

江苏省知识产权局, 江苏省专利信息服务中心. 2016. 江苏知识产权密集型产业监测研究报告.

姜海宁, 谷人旭, 李广斌. 2011. 中国制造业企业 500 强总部空间格局及区位选择. 经济地理, 31（10）: 1666-1673.

姜南. 2014. 专利密集型产业创新效率体系评估研究. 科学学研究, （7）: 1003-1011.

姜南, 单晓光, 漆苏. 2014. 知识产权密集型产业对中国经济的贡献研究. 科学学研究, （8）: 1157-1165.

寇宗来, 刘学悦. 2017. 中国城市和产业创新力报告 2017.

雷孝平, 朱东华, 周春娜. 2008. 科技计划项目后评估中的专利评价方法研究. 科学学研究, （3）: 573-577.

李昶, 吴小桔, 吴洁. 2016. 基于熵值法的知识产权示范市专利实力评价研究. 情报杂志, 35（9）: 135-140.

李春燕, 石荣. 2008. 专利质量指标评价探索. 现代情报, （2）: 146-149.

李敏, 刘和东. 2009. 创新风险、创新环境与三维最优专利制度设计. 科技进步与对策, （20）: 106-110.

李平, 刘利利. 2017. 政府研发资助、企业研发投入与中国创新效率. 科研管理, 38（1）: 21-29.

李邃，江可申，郑兵云. 2011. 基于链式关联网络的区域创新效率研究——以江苏为研究对象. 科学学与科学技术管理，32（11）：131-137.

李振亚，孟凡生，曹霞. 2010. 专利三维评价指标体系研究. 情报科学，（10）：1569-1573.

李仲飞，杨亭亭. 2015. 专利质量对公司投资价值的作用及影响机制. 管理学报，12（8）：1230-1239.

林中. 1996. 授予专利权的"质量标准". 价值工程，（2）：46.

刘毕贝. 2014. 中国专利质量问题的制度反思与对策. 科技进步与对策，31（16）：123-127.

刘驰，靖继鹏，于洁. 2009. 知识产权中的专利质量界定及组成要素分析. 情报科学，（11）：1710-1713.

刘军. 2004. 社会网络分析导论. 北京：社会科学文献出版社.

刘凯，徐仁胜. 2017. 专利刺激政策的运行机制及其对专利质量的影响. 科技管理研究，（13）：167-173.

刘磊，高佳，李凤新. 2014. 中国发明专利质量指标体系与分析报告. 科学观察，（5）：23-35.

刘满凤. 2005. 创新绩效评价与民营科技企业发展研究. 科技进步与对策，（1）：52-54.

刘胜，李文秀，陈秀英. 2019. 生产性服务业与制造业协同集聚对企业创新的影响. 广东财经大学学报，34（3）：43-53.

刘小青，陈向东. 2010. 专利活动对企业绩效的影响——中国电子信息百强实证研究. 科学学研究，（1）：26-32.

刘洋，温珂，郭剑. 2012. 基于过程管理的中国专利质量影响因素分析. 科研管理，33（12）：104-109，141.

刘怡. 2014. 我国电力企业专利风险与预警机制研究. 中国发明与专利，（1）：19-22.

刘运华. 2015. 专利质量阐释及提升策略的探讨. 知识产权，（9）：79-83.

龙小宁，王俊. 2015. 中国专利激增的动因及其质量效应. 世界经济，38（6）：115-142.

吕国良. 2018. 浅谈国际视角下的专利质量. 中国发明与专利，（10）：11-16.

吕国庆，曾刚，郭金龙. 2014. 长三角装备制造业产学研创新网络体系的演化分析. 地理科学，（9）：1051-1059.

马廷灿，李桂菊，姜山，等. 2012. 专利质量评价指标及其在专利计量中的应用. 图书情报工作，（24）：89-95.

毛昊. 2018. 中国专利质量提升之路：时代挑战与制度思考. 知识产权，（3）：61-71.

宁立志，盛赛赛. 2015. 论专利许可与专利转让的对抗与继受. 知识产权，（7）：3-13.

牛士华. 2015. 苏州高新技术企业专利预警机制构建策略. 企业科技与发展，（16）：11-12，16.

欧洲专利局，欧盟内部市场协调局. 2014. 知识产权密集型产业对欧盟经济及就业的贡献. 广东省知识产权局，尹怡然译. 北京：知识产权出版社.

庞瑞芝，范玉，李扬. 2014. 中国科技创新支撑经济发展了吗?. 数量经济技术经济研究，31（10）：37-52.

庞瑞芝，杨慧，白雪洁. 2009. 转型时期中国大中型工业企业技术创新绩效研究——基于1997~2005年工业企业数据的实证考察. 产业经济研究，（2）：63-69.

彭于彪. 2014. 国内外金融支持科技成果转化的经验比较及启示. 金融经济，（6）：64-66.

乔桂银，朱海建. 2015. 江苏沿江八市专利质量比较分析. 江苏科技信息，（3）：9-14.

邵勇. 2003. 专利指标及其经济效益研究. 暨南大学硕士学位论文.

石书德. 2012. 从主要专利质量指标看我国专利的发展水平. 科技和产业, (7): 123-126.

史丽萍, 吴俊. 2012. 专利族图谱的设计制作及实证分析. 情报理论与实践, 35 (10): 59-63.

宋河发, 穆荣平, 陈芳, 等. 2014. 基于中国发明专利数据的专利质量测度研究. 科研管理, 35 (11): 68-76.

宋河发, 穆荣平, 任中保. 2010. 国家创新型城市评价指标体系研究. 中国科技论坛, (3): 20-25.

宋旭光, 赵雨涵. 2018. 中国区域创新空间关联及其影响因素研究. 数量经济技术经济研究, (7), 22-40.

孙玉涛, 栾倩. 2016. 专利质量测度 "三阶段—两维度" 模型及实证研究——以 C9 联盟高校为例. 科学学与科学技术管理, (6): 23-32.

田屹, 李凤新, 刘磊. 2012. 2011 中国有效专利年度报告. 科学观察, 7 (5): 1-30.

万小丽. 2009. 专利质量指标研究. 华中科技大学博士学位论文.

万小丽. 2013. 区域专利质量评价指标体系研究. 知识产权, (8): 65-67.

万小丽, 范秀荣. 2014. "985 高校" 专利竞争力研究. 华南理工大学学报 (社会科学版), (4): 21-28.

王伯鲁. 2009. 萃思学 (TRIZ) 及其推广应用问题探析. 科技进步与对策, 26 (18): 132-135.

王峰. 2014. 论提升专利质量的途径. 法制与社会, (21): 235-236.

王根. 2017. 基于协同创新环境的专利信息服务机制研究. 图书馆工作与研究, (2): 121-128.

王晓亚. 2017. 知识密集型产业协同发展与企业技术创新——作用机理与实证研究. 科学学与科学技术管理, 38 (4): 96-104.

魏权龄. 2012. 论 "打开黑箱评价" 的网络 DEA 模型. 数学的实践与认识, 42 (24): 184-195.

魏雪君, 葛仁良. 2005. 我国专利统计指标体系的构建. 统计与决策, (11): 35-36.

魏宜瑞. 2005. 营造有利于发挥专利等知识产权制度作用的创新环境. 科技情报开发与经济, (7): 165-166.

温忠麟, 张雷, 侯杰泰, 等. 2004. 中介效应检验程序及其应用. 心理学报, (5): 614-620.

吴观乐, 时家增, 诸敏刚. 1991. 专利法与三种专利. 专利法研究, (1): 236-245.

吴海民. 2006. 基于新 C-D 生产函数的广东省经济增长实证研究. 南方经济, (7): 75-86.

吴晓波, 韦影. 2005. 制药企业技术创新战略网络中的关系性嵌入. 科学学研究, (4): 561-565.

吴兆平, 曹绍文. 1988. 第三讲: 专利权无效宣告程序. 今日科技, (4): 38-39.

武建龙, 王宏起. 2010. 基于专利的高新技术企业集群创新网络结构分析方法及实证. 中国科技论坛, (8): 74-80.

夏绪梅, 孙青青. 2015. 基于 VIKOR 法的地区专利成长性评价研究. 科技管理研究, (16): 151-156.

肖文, 林高榜. 2014. 政府支持、研发管理与技术创新效率——基于中国工业行业的实证分析. 管理世界, (4): 71-80.

谢黎, 邓勇, 张苏闽. 2012. 我国问题专利现状及其形成原因初探. 图书情报工作, 56 (24): 102-107.

邢梦盈. 2016. 广西专利竞争力评价研究. 广西大学硕士学位论文.

徐晨阳. 2018. 中国各省份专利质量、专利效率及对经济增长影响的研究. 青岛科技大学硕士学位论文.

徐棣枫, 邱奎霖. 2014. 专利资助政策与专利制度运行：中国实践与反思. 河海大学学报（哲学社会科学版）, 16（3）：74-78, 93.

徐明, 姜南. 2013. 我国专利密集型产业及其影响因素的实证研究. 科学学研究, （2）：201-209.

徐晓琳. 2007. 专利实务教程. 重庆：重庆大学出版社.

杨浩昌, 李廉水, 刘军. 2016. 高技术产业聚集对技术创新的影响及区域比较. 科学学研究, 34（2）：212-219.

余泳泽. 2009. 我国高技术产业技术创新效率及其影响因素研究：基于价值链视角下的两阶段分析. 经济科学, （4）：62-74.

原毅军, 郭然. 2018. 生产性服务业集聚、制造业集聚与技术创新——基于省级面板数据的实证研究. 经济学家, （5）：23-31.

詹卓. 2014. 我国高校专利质量综合评价研究. 华中师范大学硕士学位论文.

张古鹏, 陈向东. 2011. 基于专利的中外新兴产业创新质量差异研究. 科学学研究, 29（12）：1813-1820.

张杰, 高德步, 夏胤磊. 2016. 专利能否促进中国经济增长——基于中国专利资助政策视角的一个解释. 中国工业经济, （1）：83-98.

张杰, 郑文平. 2018. 创新追赶战略抑制了中国专利质量么？. 经济研究, 53（5）：28-41.

张可. 2019a. 产业集聚与区域创新的双向影响机制及检验——基于行业异质性视角的考察. 审计与经济研究, 34（4）：94-105.

张可. 2019b. 经济集聚与区域创新的交互影响及空间溢出. 金融研究, （5）：96-114.

张庆, 余翔. 2013. R&D 投入绩效差异及其与行业竞争程度的关联研究. 情报杂志, 32（1）：191-197.

张望. 2008. 运输成本、规模经济对产业集聚的冲击效应分析——基于中国工业经济发展的实证分析. 广西财经学院学报, （1）：45-50.

赵彬. 2016. 中国专利质量问题分析与对策研究. 天津大学硕士学位论文.

赵昌文, 许召元, 朱鸿鸣. 2015. 工业化后期的中国经济增长新动力. 中国工业经济, （6）：44-54.

赵红, 李换云. 2011. 研发投入、FDI 的 R&D 溢出与自主创新效率的研究——基于重庆制造业的面板数据（2000—2007）. 科技管理研究, 31（3）：174-177.

朱雪忠. 2013. 辩证看待中国专利的数量与质量. 中国科学院院刊, （4）：435-441.

朱雪忠, 万小丽. 2009. 竞争力视角下的专利质量界定. 知识产权, （4）：7-14.

Arrow K J. 1962. Economic welfare and the allocation of resources for invention. Social Science Electronic Publishing：609-625.

Carlino G A, Chatterjee S, Hunt R M. 2007. Urban density and the rate of invention. Journal of Urban Economics, 61（3）：389-419.

Coppi R, Zannella F L. 1978. Analisi fattoriale di una serie temporale multipla relative allo stesso insieme di unia statistiche. XXIX Meeting of the Italian Stat. （5）：61-79.

Ellison G, Glaeser E L, Kerr W R. 2010. What causes industry agglomeration? Evidence from coagglomeration patterns. American Economic Review, 100（3）：1195-1213.

Eswaran M, Kotwal A. 2002. The role of the service sector in the process of industrialization. Journal of Development Economics, 68（2）: 401-420.

Giuliani E. 2007. The selective nature of knowledge networks in clusters: evidence from the wine industry. Journal of Economic Geography, 7（2）: 139-168.

Gonzalez A, Terasvirta T, van Dijk D. 2005. Panel smooth transition regression models. New Economics Papers: 47.

Guan J, Chen K. 2010. Measuring the innovation production process: a cross-region empirical study of China's high-tech innovations. Technovation, 30（5）: 348-358.

Hansen M T, Birkinshaw J. 2007. The innovation value chain. Harvard Business Review, 85（6）: 121-130.

Haroff D, Reitzig M. 2002. Determinants of opposition against EPO patent grants: the case of pharmaceuticals and biotechnology. International Journal of Industrial Organization, （7）: 568-579.

Hou J L, Lin H Y. 2006. A multiple regression model for patent appraisal. Industrial Management & Data Systems, 106（9）: 1304-1332.

Jacobs W, Koster H R A, Frank V O. 2013. Co-agglomeration of knowledge-intensive business services and multinational enterprises. Journal of Economic Geography, 14（2）: 443-475.

Kamien M I, Schwartz N L . 1975.Market structure and innovation: a survey. Journal of Economic Literature, （1）: 1-37.

Kao C. 2009. Efficiency decomposition in network data envelopment analysis: a relational model. European Journal of Operational Research, （3）: 949-962.

Ke S, He M, Yuan C. 2014. Synergy and co-agglomeration of producer services and manufacturing: a panel data analysis of chinese cities. Regional Studies, 48（11）: 1829-1841.

Lanjouw J O. 1998. Patent protection in the Shadow of infringement: simulation estimations of patent value. Review of Economic Studies, 65（4）: 33-39.

Lanjouw J O, Schankerman M. 1999. The quality of ideas: measuring innovation with multiple indicators. NBER Working Paper, （73）: 635-651.

Lanjouw J O, Schankerman M. 2000. Patent suits: do they distort research incentives?. USA CEPR, （2）: 121-134.

Lanjouw J O, Schankerman M. 2004. Patent quality and research productivity: measuring innovation with multiple indicators. Economic Journal, （114）: 441-465.

Lerner J. 1994. The importance of patent scope: an empirical analysis. The RAND Journal of Economics, （156）: 319-333.

Macpherson A. 1997. The role of producer service outsourcing in the innovation performance of New York State manufacturing firms. Annals of the Association of American Geographers, 87（1）: 52-71.

Mariani M, Romanelli M. 2007. Stacking and picking inventions: the patenting behavior of european inventors. Research Policy, （36）: 1128-1142.

Putnam J. 1996. The Value of International Patent Rights. Connecticut: Yale University.

Richard J, Sullivan R J. 1994. Estimates of the value of patent rights in Britain and Ireland. The

Economics Journal, （61）: 37-58.

Roper S, Du J, Love J H. 2008. Modelling the innovation value chain. Research Policy, 37（6-7）: 961-977.

Schankerman, Pakes A. 1986. Estimates of the value of patent rights in european countries during the post 1950 period. The Economic Journal, （89）: 1052-1076.

Schettino F, Sterlacchini A, Venturini F. 2008. Inventive productivity and patent quality: evidence from italian inventors. Franceso Venturini（6）: 89-96.

Schumpeter J A. 1943. Capitalism, Socialism and Democracy. London: George: 44-45.

Sheramur R, Doloreux D. 2015. Knowledge-intensive business services use and users innovation: high-order services, geographic hierarchies and internet use in quebec's manufacturing sector. Regional Studies, 49（10）: 1654-1671.

Tone X, Frame L D. 1994. Technological performance and patent claim data. Research Policy, 23（2）: 133-141.

WIPO. 2008. Handbook on Industrial Property Information and Documentation. Geneva: World Intellectual Property Organization: 8.

Woerter M, Roper S. 2010. Openness and innovation—home and export demand effects on manufacturing innovation: panel data evidence for Ireland and Switzerland. Research Policy, 39（1）: 155-164.